粮棉油作物病虫害图谱诊断与防治丛书

麦类作物病虫害
诊断与防治原色图谱

编著者

商鸿生　李修炼　王凤葵　李建军

金盾出版社

内 容 提 要

本书以文字说明与原色图谱相结合的方式,形象地介绍了小麦、大麦、燕麦和黑麦的48种(类)病害与48种(类)害虫。对各种病虫害都以诊断和防治为重点,具体阐述了危害情况、诊断或识别要点、发生规律和防治方法,并选配了200幅彩照。本书图像清晰,行文简练,内容丰富,涵盖了生产上所能遇到的绝大多数病虫,其中包括新发现的种类。本书有助于读者对麦类病虫害快速进行田间诊断和提出防治对策,适于农业生产人员、农技推广人员、农药营销人员、植保专业技术人员、科研人员和农业院校师生阅读使用。

图书在版编目(CIP)数据

麦类作物病虫害诊断与防治原色图谱/商鸿生,李修炼等编著.—北京:金盾出版社,2004.12
(粮棉油作物病虫害图谱诊断与防治丛书)
ISBN 978-7-5082-3268-3

Ⅰ.麦… Ⅱ.①商…②李… Ⅲ.麦-病虫害防治方法-图谱
Ⅳ.S435.12-64

中国版本图书馆 CIP 数据核字(2004)第 104736 号

金盾出版社出版、总发行
北京太平路5号(地铁万寿路站往南)
邮政编码:100036 电话:68214039 83219215
传真:68276683 网址:www.jdcbs.cn
彩色印刷:北京精美彩印有限公司
黑白印刷:北京军迪印刷有限责任公司
装订:兴浩装订厂
各地新华书店经销
开本:850×1168 1/32 印张:6.625 彩页:104 字数:136千字
2012年10月第1版第6次印刷
印数:37 001~41 000册 定价:20.50元

(凡购买金盾出版社的图书,如有缺页、
倒页、脱页者,本社发行部负责调换)

前 言

麦类作物是极重要的农作物,无论是播种面积还是总产量,在我国仅次于水稻,是第二大粮食作物。麦类作物病虫害种类繁多,迄今并没有精确的统计。以病害而言,世界小麦病害估计有200余种,大麦病害70余种,黑麦和燕麦病害各有50余种。据《农业百科全书·植物病理学卷》记载,我国有小麦真菌病害40余种,细菌病害3种,病毒病害9种,线虫病害3种;大麦病害有40余种;燕麦病害有17种以上;黑麦病害大致与大麦相同,但报道的仅10余种。麦类作物的害虫多是杂食性、多食性的,寄主范围很广,仅陕西省已记载的麦田害虫已达120种。

鉴于麦类作物病虫害的重大经济意义,一向是研究和防治的重点,受到各项科技计划的大力支持。各地对具有经济重要性的种类进行了系统而精细的研究,取得了丰硕的成果。我国对小麦条锈病、赤霉病、黄矮病、粘虫、小麦吸浆虫等病虫害的研究已达世界先进水平。新中国建立后,迅速扭转了麦类重要病虫猖獗危害的局面,基本铲除了小麦秆黑粉病、腥黑穗病、粒线虫病的危害,相继成功地控制了小麦条锈病、秆锈病、赤霉病、黄矮病和粘虫、小麦吸浆虫以及其他重要病虫害的发生。

根据我国的实际情况,本书选取了48种(类)病害和48种害虫、害螨。麦类作物有多种共有的病害,为节省篇幅,一并介绍,不再按不同作物分别罗列,这样本书实际涵盖了86种病害。但对于个别共有的病害,有的作物尚有特定的病名,本书予以保留,以备检索。本书收录的病虫种类,反映了当前麦类病虫害发生和防治的实况,对危害趋向增多的根病、叶枯病、微型害虫等均有所侧重。

麦类病虫害的防治,特别是病害的防治,需倚重于抗病(虫)品种。但是,品种的抗病性是相对的,仅在一定的范围内有效。特别是对锈病、白粉病、部分黑粉病和叶枯病等,现在所用的是小种专化性抗病性,当病原菌生理小种改变后,抗病品种就可能"丧失"原有的抗病性。例如,由于小麦条锈病、小麦白粉病病菌优势生理小种的改变,目前绝大部分抗病品种已不再抗病。因此,除了个别病害以外,本书没有推荐具体的抗病品种。读者在选用抗病品种时,应咨询当地农技部门。同样的,本书所介绍的药剂应用,有些只是部分地区的使用经验或试验结果,亦有局限性。作为一条重要原则,各地在第一次采用某种药剂或某种施药方法时,应先试验或试用,取得经验后再大面积推广。

本书病害部分的撰写和拍照由商鸿生教授负责,害虫部分由李修炼研究员负责。为了更精确地表现害虫形态,本书除了照片外,还采用了少量彩图,彩图是吴兴元先生绘制的。本书编写中,参阅或采用了国内同行专家的许多研究结果,在此一并表示感谢。由于金盾出版社的支持,本书得以付梓,谨致谢意。受成书时间与编著者学识所限,本书当有不足与错误之处,我们热切希望读者诸君不吝赐教,以便再版时补正。

编著者
于西北农林科技大学

目 录

第一部分 麦类病虫害诊断

一、病害诊断 ······(1)
 1. 麦类全蚀病······(1)
 2. 麦类纹枯病······(4)
 3. 麦类镰刀菌根腐和基腐病······(5)
 4. 麦类胞囊线虫病······(6)
 5. 麦类离蠕孢综合症······(7)
 6. 麦类白粉病······(10)
 7. 麦类霜霉病······(11)
 8. 麦类赤霉病······(13)
 9. 麦类麦角病······(15)
 10. 麦类黄矮病······(16)
 11. 小麦普通根腐病······(19)
 12. 小麦锈病······(19)
 13. 小麦雪霉叶枯病······(23)
 14. 小麦黄斑叶枯病······(25)
 15. 小麦链格孢叶枯病······(26)
 16. 小麦壳针孢叶枯病······(27)
 17. 小麦壳多孢叶枯和颖枯病······(29)
 17. 小麦褐色叶枯病······(30)
 19. 小麦和大麦卷曲病······(31)
 20. 小麦黑颖病······(32)
 21. 小麦秆黑粉病······(32)

· 1 ·

22. 小麦矮腥黑穗病 (34)
23. 小麦普通腥黑穗病 (35)
24. 小麦散黑穗病 (36)
25. 小麦黑霉病 (37)
26. 小麦灰霉病 (37)
27. 小麦黑胚病 (38)
28. 小麦粒线虫病 (39)
29. 小麦蓝矮病 (40)
30. 小麦丛矮病 (41)
31. 小麦土传病毒病害 (42)
32. 大麦锈病 (44)
33. 大麦网斑病 (45)
34. 大麦条纹病 (46)
35. 大麦云纹病 (48)
36. 大麦茎点霉叶斑病 (49)
37. 大麦根腐叶枯病 (49)
38. 大麦坚黑穗病 (50)
39. 大麦散黑穗病 (51)
40. 大麦黄花叶病 (51)
41. 大麦条纹花叶病 (52)
42. 黑麦锈病 (52)
43. 燕麦和黑麦炭疽病 (53)
44. 燕麦锈病 (54)
45. 燕麦德氏霉叶斑病 (55)
46. 燕麦壳多孢叶枯病 (56)
47. 燕麦坚黑穗病和散黑穗病 (57)
48. 燕麦红叶病 (58)

二、害虫诊断 (59)

1. 禾谷缢管蚜 (59)

2. 麦二叉蚜 …………………………………………… (60)
3. 麦长管蚜 …………………………………………… (61)
4. 灰飞虱 ……………………………………………… (62)
5. 条沙叶蝉 …………………………………………… (63)
6. 大青叶蝉 …………………………………………… (64)
7. 黑尾叶蝉 …………………………………………… (65)
8. 白边大叶蝉 ………………………………………… (66)
9. 棕色鳃金龟 ………………………………………… (67)
10. 黑皱鳃金龟 ………………………………………… (68)
11. 铜绿丽金龟 ………………………………………… (69)
12. 东北大黑鳃金龟 …………………………………… (69)
13. 暗黑鳃金龟 ………………………………………… (70)
14. 沟金针虫 …………………………………………… (71)
15. 细胸金针虫 ………………………………………… (72)
16. 褐纹金针虫 ………………………………………… (73)
17. 华北蝼蛄 …………………………………………… (74)
18. 东方蝼蛄 …………………………………………… (75)
19. 黄地老虎 …………………………………………… (76)
20. 小地老虎 …………………………………………… (77)
21. 八字地老虎 ………………………………………… (78)
22. 东亚飞蝗 …………………………………………… (79)
23. 笨蝗 ………………………………………………… (80)
24. 短额负蝗 …………………………………………… (81)
25. 北京油葫芦 ………………………………………… (81)
26. 绿麦秆蝇 …………………………………………… (82)
27. 麦茎蜂 ……………………………………………… (83)
28. 小麦叶蜂 …………………………………………… (84)
29. 麦岩螨 ……………………………………………… (85)
30. 麦圆叶爪螨 ………………………………………… (86)

31. 小麦红吸浆虫 …………………………………… (87)
32. 小麦黄吸浆虫 …………………………………… (88)
33. 细茎潜叶蝇 ……………………………………… (89)
34. 粘虫 ……………………………………………… (90)
35. 棉铃虫 …………………………………………… (91)
36. 花蓟马 …………………………………………… (92)
37. 小麦皮蓟马 ……………………………………… (93)
38. 麦蛾 ……………………………………………… (94)
39. 草地螟 …………………………………………… (95)
40. 绿盲蝽 …………………………………………… (97)
41. 赤须盲蝽 ………………………………………… (97)
42. 斑须蝽 …………………………………………… (98)
43. 稻绿蝽 …………………………………………… (99)
44. 紫翅果蝽 ………………………………………… (100)
45. 横纹菜蝽 ………………………………………… (101)
46. 华麦蝽 …………………………………………… (102)
47. 小麦沟牙甲 ……………………………………… (103)
48. 麦茎叶甲 ………………………………………… (104)

第二部分 麦类病虫害防治

一、病害防治 ………………………………………… (105)
  1. 麦类全蚀病 ……………………………………… (105)
  2. 麦类纹枯病 ……………………………………… (108)
  3. 麦类镰刀菌根腐和基腐病 ……………………… (112)
  4. 麦类胞囊线虫病 ………………………………… (113)
  5. 麦类离蠕孢综合症 ……………………………… (114)
  6. 麦类白粉病 ……………………………………… (116)
  7. 麦类霜霉病 ……………………………………… (119)

8. 麦类赤霉病……………………………………(119)
9. 麦类麦角病……………………………………(121)
10. 麦类黄矮病……………………………………(122)
11. 小麦普通根腐病………………………………(124)
12. 小麦锈病………………………………………(125)
13. 小麦雪霉叶枯病………………………………(130)
14. 小麦黄斑叶枯病………………………………(131)
15. 小麦链格孢叶枯病……………………………(132)
16. 小麦壳针孢叶枯病……………………………(132)
17. 小麦壳多孢叶枯和颖枯病……………………(133)
17. 小麦褐色叶枯病………………………………(133)
19. 小麦和大麦卷曲病……………………………(135)
20. 小麦黑颖病……………………………………(135)
21. 小麦秆黑粉病…………………………………(135)
22. 小麦矮腥黑穗病………………………………(137)
23. 小麦普通腥黑穗病……………………………(139)
24. 小麦散黑穗病…………………………………(140)
25. 小麦黑霉病……………………………………(141)
26. 小麦灰霉病……………………………………(141)
27. 小麦黑胚病……………………………………(142)
28. 小麦粒线虫病…………………………………(142)
29. 小麦蓝矮病……………………………………(143)
30. 小麦丛矮病……………………………………(143)
31. 小麦土传病毒病害……………………………(145)
32. 大麦锈病………………………………………(146)
33. 大麦网斑病……………………………………(146)
34. 大麦条纹病……………………………………(147)
35. 大麦云纹病……………………………………(148)
36. 大麦茎点霉叶斑病……………………………(149)

37. 大麦根腐叶枯病 …………………………………… (149)
38. 大麦坚黑穗病 ……………………………………… (149)
39. 大麦散黑穗病 ……………………………………… (150)
40. 大麦黄花叶病 ……………………………………… (151)
41. 大麦条纹花叶病 …………………………………… (151)
42. 黑麦锈病 …………………………………………… (151)
43. 燕麦和黑麦炭疽病 ………………………………… (152)
44. 燕麦锈病 …………………………………………… (152)
45. 燕麦德氏霉叶斑病 ………………………………… (153)
46. 燕麦壳多孢叶枯病 ………………………………… (153)
47. 燕麦坚黑穗病和散黑穗病 ………………………… (154)
48. 燕麦红叶病 ………………………………………… (155)

二、害虫防治 …………………………………………… (156)
1. 禾谷缢管蚜 ………………………………………… (156)
2. 麦二叉蚜 …………………………………………… (158)
3. 麦长管蚜 …………………………………………… (158)
4. 灰飞虱 ……………………………………………… (159)
5. 条沙叶蝉 …………………………………………… (160)
6. 大青叶蝉 …………………………………………… (162)
7. 黑尾叶蝉 …………………………………………… (163)
8. 白边大叶蝉 ………………………………………… (163)
9. 棕色鳃金龟 ………………………………………… (164)
10. 黑皱鳃金龟 ………………………………………… (165)
11. 铜绿丽金龟 ………………………………………… (166)
12. 东北大黑鳃金龟 …………………………………… (166)
13. 暗黑鳃金龟 ………………………………………… (167)
14. 沟金针虫 …………………………………………… (167)
15. 细胸金针虫 ………………………………………… (168)
16. 褐纹金针虫 ………………………………………… (169)

17. 华北蝼蛄 …… (169)
18. 东方蝼蛄 …… (170)
19. 黄地老虎 …… (171)
20. 小地老虎 …… (171)
21. 八字地老虎 …… (173)
22. 东亚飞蝗 …… (174)
23. 笨蝗 …… (175)
24. 短额负蝗 …… (176)
25. 北京油葫芦 …… (176)
26. 绿麦秆蝇 …… (177)
27. 麦茎蜂 …… (179)
28. 小麦叶蜂 …… (180)
29. 麦岩螨 …… (181)
30. 麦圆叶爪螨 …… (182)
31. 小麦红吸浆虫 …… (183)
32. 小麦黄吸浆虫 …… (184)
33. 细茎潜叶蝇 …… (184)
34. 粘虫 …… (185)
35. 棉铃虫 …… (187)
36. 花蓟马 …… (189)
37. 小麦皮蓟马 …… (189)
38. 麦蛾 …… (190)
39. 草地螟 …… (192)
40. 绿盲蝽 …… (193)
41. 赤须盲蝽 …… (194)
42. 斑须蝽 …… (194)
43. 稻绿蝽 …… (195)
44. 紫翅果蝽 …… (195)
45. 横纹菜蝽 …… (195)

46. 华麦蜻 …………………………………………… (196)
47. 小麦沟牙甲 ………………………………………… (196)
48. 麦茎叶甲 …………………………………………… (198)

第一部分 麦类病虫害诊断

一、病害诊断

1. 麦类全蚀病

全蚀病是麦类作物的土传根部病害,病原菌是禾顶囊壳 *Gaeumannomyces graminis* (Sacc.) Arx & Olivier,属于子囊菌亚门、核菌纲、球壳目、顶囊壳属。该菌有4个变种,即小麦变种、燕麦变种、禾谷变种和玉米变种。小麦变种对小麦、大麦、黑麦致病性较强,对燕麦致病性弱或不能致病。燕麦变种对燕麦和禾本科牧草致病性强。禾谷变种寄生多种禾本科植物,但致病性较弱。玉米变种主要危害玉米。我国发生的主要是小麦变种,也有禾谷变种和玉米变种。以前仅山东、甘肃、宁夏、辽宁、江苏、陕西等地发生小麦和大麦全蚀病,近年已扩展到西北春麦区、北方冬麦区和长江中下游麦区的18个省份。

【危害与诊断】 病株根系被破坏,重者死苗,轻者分蘖减少,矮小瘦弱,成穗数、穗粒数减少,粒重降低,甚至形成白穗。一般发病轻的地块减产10%~20%,发病重的减产50%以上,乃至绝收。发病越早,损失越大。

苗期和成株期都可发病。幼苗种子根、地中茎和根颈部位腐烂变黑褐色,严重时

图1-1 小麦幼苗地上部分全蚀病症状

死苗。成活的病苗基部老叶变黄，心叶内卷，叶色变浅，分蘖减少（图1-1）。拔节后病株矮化，叶片自下向上变黄，类似干旱、缺肥的症状。病株种子根、次生根大部变黑（图1-2）。横剖病根，可见根轴变黑。乳熟期茎基部发黑，剥开茎基部叶鞘，可见地上第一、二节叶鞘内侧和茎秆表面有黑色膏药状物，为病原菌菌丝层（图1-3），还有黑色颗粒状突起物，即病原菌的子囊壳（图1-2）。抹去菌丝层，可见茎部表面有条点状黑斑（图1-4）。这是全蚀病的典型症状，称为"黑脚"或"黑膏药"，多在潮湿麦田中产生。

在土壤干燥的情况下，多不形成黑脚症状，也不产生子囊壳，仅根部有不同程度的变褐腐烂或变黑腐烂。有时仅根尖变黑，腐烂症状也受到抑制。此时难以发现和鉴别，易被忽略。

图1-2 小麦根部和茎基部全蚀病症状（黑色小粒点为子囊壳）

图1-3 小麦叶鞘内侧和茎秆表面的菌丝层

图1-4 小麦基部茎秆表面的黑斑（右为健株）

病株穗子早枯,称为"白穗"。零星发病田,白穗成簇出现,称为"发病中心",易于发现(图1-5)。较重的地块大片发病,白穗多,发病区域内植株枯黄,矮而稀疏,整个麦田冠层高低不平(图1-6)。

全蚀病是一种典型根部病害,病原菌侵染的部位只限于麦株根部和茎基部,地上部症状是根和茎基部受害所引起的。由于环境条件、土壤菌量和根部受害程度的不同,各地田间症状的显现期和症状表现也不一致。当出现典型黑脚或黑膏药症状时,较易识别。在单纯表现根腐或死苗时,需与其他根病区分。出现白穗但无黑脚等典型症状时,需与麦穗枯熟以及根腐病、纹枯病或地下害虫危害造成的白穗区分。

图1-5 小麦全蚀病的白穗症状

在不出现典型症状难以单靠田间症状作出结论时,需进行实验室检查。将可疑根段用常规方法透明染色,然后用显微镜检查。若是全蚀病,可在根表看到粗壮的黑褐色匍匐菌丝与菌丝结等结构。另外,还可以将可疑病株基部插入湿沙中,在16℃~25℃温度和有光照的条件下保湿,诱发产生子囊壳。

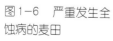

图1-6 严重发生全蚀病的麦田

2. 麦类纹枯病

纹枯病的病原菌为禾谷丝核菌 Rhizoctonia cerealis Van der Hoeven，属于半知菌亚门，丝孢纲，无孢目，丝核菌属。该菌侵染小麦、大麦、黑麦、燕麦、水稻、玉米等作物和一些禾本科杂草。纹枯病是世界性大病害，分布广泛。我国自20世纪70年代以来，发病区域明显扩大，危害明显加重。80年代后在长江流域麦区大发生，成为当地小麦、大麦的重要病害和主要防治对象之一。后又渐次蔓延到淮河、黄河流域及其以北各麦区，造成程度不同的危害。

【危害与诊断】 麦类作物各生育时期都可受害，病原菌主要侵害麦株根部和茎基部，造成烂芽、死苗、花秆烂茎、植株倒伏、枯孕穗（穗不能正常抽出）和白穗等一系列症状。小麦重病田枯白穗率30%以上，病株穗粒数显著减少，穗粒重和千粒重严重降低，大幅减产。

麦种发芽后芽鞘变褐色，麦芽腐烂。幼苗根部变褐腐烂，造成死苗。3~4叶期幼苗的叶鞘上生成灰褐色斑点，可蔓延到整个叶鞘，叶片暗绿色、水浸状，以后失水枯黄，严重时病苗死亡。

拔节后，麦株基部叶鞘出现椭圆形、暗绿色、水浸状病斑，以后发展成为中部灰褐色、边缘黑褐色的病斑，椭圆形或略呈云纹状（图1-7）。病斑扩大后相互连接，使罹病叶鞘上呈现淡浓相间、纹理交错的斑纹，通称为"花秆"，这也是纹枯病的典型症状，易于识别（图1-8）。

在高湿条件下，叶鞘内侧和茎秆上生有白色、黄白色菌丝体和微小菌核。菌核初为白色，后变为程度不同的褐色；形状不规则，长0.2~3.1毫米，宽0.2~2.0毫米。菌核

图1-7 小麦茎基部的纹枯病病斑

间可有菌丝连接。菌核易脱落。在茎秆表面也出现淡褐色较短的条斑，后扩大成为梭形病斑，其边缘为褐色，中部色泽较浅，为灰色。病斑常纵向开裂。

严重发病时，由于花秆烂茎，主茎和大分蘖常抽不出穗，形成枯孕穗。有的虽能抽穗，但结实数锐减，籽粒秕瘦，形成白穗。发病较轻的植株，虽然可以正常抽穗，但因茎秆受害，容易倒伏，也造成减产。

图1-8 小麦纹枯病的"花秆"症状

3.麦类镰刀菌根腐和基腐病

该病由多种镰孢属真菌(镰刀菌)引起，主要有黄色镰孢 *Fusarium culmorum* (Smith) Sacc.，禾谷镰孢（*F. graminearum* Schw.）、燕麦镰孢 *F. avenaceum* (Corda ex Fr.) Sacc.等。侵染小麦、大麦、黑麦、燕麦等麦类作物。

【危害与诊断】 引起苗枯、根腐、基腐和白穗等症状。通常发生不重，但也有重病田块，产量损失可高达30%~80%。

幼苗出土前后被侵染，种子根多变褐色腐烂。严重发生时，可造成烂芽和苗枯；发生较轻时，幼苗黄瘦，发育不良。

成株期多在抽穗期前后症状明显，病株根系均匀变褐腐烂，地中茎、根颈部和地上茎基部变褐色或红褐色腐烂（图1-9）。叶鞘上以及叶鞘与茎秆之间，常有白色菌丝和淡红色霉状物（图1-10）。燕麦的茎基部还常形成褐色条斑。病株易被折断或拔起，易倒伏。重病株自下而上叶片青枯，白穗不实；轻病株发育不良，籽粒皱缩瘪瘦。

本病症状与普通根腐病近似，在旱地常复合发生。

图1-9 大麦茎基部由镰刀菌引起的腐烂症状

图1-10 发病部位的霉状物和菌丝体

4. 麦类胞囊线虫病

该病也称为禾谷胞囊线虫病。病原生物为燕麦胞囊线虫 *Heterodera avenae* Woll.，是一种植物寄生性线虫，危害禾本科植物，包括小麦、大麦、燕麦、黑麦和多数禾本科杂草。胞囊线虫病是我国麦类作物的一种新病害，现仅少数省份发生，潜在危险性大。

【危害与诊断】 严重降低作物产量和品质。根据国外资料，小麦受害后减产30%～40%，严重田块减产50%～70%。病苗生机减弱，易受土壤中病原真菌的侵害，根病增多。

各生育时期均可表现症状，苗期更为明显。病苗生长缓慢，褪绿变黄，分蘖减少，类似缺氮的症状，严重的植株矮化（图1-11）。生育后期多数叶片变窄，变薄，变黄。穗子变小，秕粒增多。病株受到干旱时，常干枯死亡。

病株根上出现多数稍膨大的短小分杈，根系浅且根数显著减少。后期被害根鼓包,表皮开裂,露出粒状的线虫雌虫虫体,白色或灰白色,有光泽,成熟后变褐发暗成为胞囊(图1-11)。

图1-11 发生小麦胞囊线虫病的麦田(左下方为线虫雌虫体和胞囊形态)

5. 麦类离蠕孢综合症

根腐离蠕孢 Bipolaris sorokiniana (Sacc.ex Sorok.) Shoem. 侵染麦类作物,因生育阶段不同而出现苗腐、根腐、基腐、叶枯、穗腐和黑胚粒等不同症状,是麦类作物的重要病害,我国各地都有分布,尤以东北、西北地区的春小麦受害最重,黄淮流域冬麦发生也很普遍。流行程度和损失大小因年份和地区不同而有较大变化。因为根腐和叶枯症状普遍而严重,也分别称为"普通根腐病"或"蠕孢叶枯病"。病原菌的有性态为禾旋孢腔菌 [Cochliobolus sativus (Ito et Kuribayashi) Drechs. Ex Dast.],属于子囊菌亚门,腔菌纲,格孢腔目,旋孢腔菌属。该菌的寄主广泛,包括小麦、大麦、黑麦、燕麦以及多种禾本科杂草。

【危害与诊断】 全生育期发病,表现多种症状。地下部分被侵染,严重削弱根系和根颈部,致使病株分蘖数和成穗数减少,籽粒产量与品质降低,严重病株在抽穗期或灌浆初期死亡,发病田一般减产30%以上。地上部分被侵染,

图1-12 根腐离蠕孢引起的麦根腐烂

导致叶枯和穗腐。据对接种小麦测定，大流行（蜡熟期叶片病情指数>70%）时，病株千粒重降低17.2%，减产34.9%；中度流行（蜡熟期叶片病情指数40%~60%）时，千粒重和产量分别降低0.5%和9.4%；轻度流行（蜡熟期叶片病情指数<40%）时，也会造成5%的减产。

麦根腐病菌可侵染小麦的种子、幼苗、成株的根系、茎叶和穗部，症状各异。

（1）芽腐和苗枯　种子根变黑腐烂，胚芽鞘和胚轴初生浅褐色条斑，后变暗褐色腐烂，严重时幼芽烂死，不能出土。出土后的幼苗可因地下部分腐烂加重，导致生长衰弱而陆续死亡；存活的病苗发育延迟，生长不良，近地面的叶片上散生椭圆形或不规则形褐色病斑，严重的病叶变黄枯死。有的地方病苗表现发育受阻，分蘖增多，麦株矮小，变黄枯死。

图1-13　根腐离蠕孢引起的根茎和茎基部腐烂

（2）根腐和茎基腐　病株种子根、次生根、地中茎变褐腐烂，呈黑褐色（图1-12）。根颈也产生褐色病斑，并可扩展到茎基部（图1-13）。茎基部叶鞘变褐色，腐烂干枯（图1-14）。变色腐烂部分可深入到茎节内部。抽穗后至灌浆初期，可因根系腐烂而病株枯死，呈青灰色，白穗不结实。拔取病株，可见根部表皮脱落，根冠部变黑并粘附土粒。

（3）叶斑和叶枯　叶片上初生水浸状小斑点，扩大后形成梭形、长椭圆形或不规则形病斑。病斑中央浅褐色，边缘深褐色，周边常有明显或不

图1-14　根腐离蠕孢引起的茎基部叶鞘腐烂

明显的褪绿晕圈（图1-15）。病斑大小变化很大，幼苗病斑长径不过几毫米，成株病斑长0.5~1厘米，有的长度可达几厘米，成为不规则的褐色斑块。高湿时，病斑两面产生黑色霉状物，即病原菌的分生孢子梗和分生孢子（图1-16）。病斑可相互连接导致叶枯。叶鞘上也会产生不规则形黄褐色病斑，边缘多不清晰。严重发病时，病株叶片由下而上逐层枯死。

(4) 穗腐　颖壳基部初生水渍状斑，后变为褐色斑块，高湿时表面生黑色霉状物（图1-17）。穗轴和小穗轴也变褐腐烂，使部分小穗或全穗枯死。穗轴腐烂可造成掉穗。

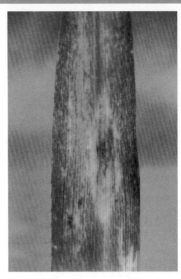

图1-15　根腐离蠕孢引起的小麦叶斑

(5) 黑胚粒　穗被侵染后可蔓延到种子，病原菌也可直接侵染种子。病种子胚全部或局部变成黑褐色，腐烂，多不能发芽。这类种子称为"黑胚粒"。种子表面也可产生椭圆形、梭形或不规则形的褐色病斑。详见小麦黑胚病部分。

图1-16　根腐离蠕孢引起的小麦大型叶斑

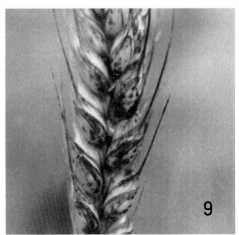

图1-17　根腐离蠕孢引起的小麦穗腐

6. 麦类白粉病

病原菌为禾布氏白粉菌 *Blumeria graminis* (DC.) E.O. Speer，属于子囊菌亚门，核菌纲，白粉菌目，布氏白粉菌属。侵染小麦的为其小麦专化型（*B. graminis* f.sp.*tritici*），侵染大麦的为其大麦专化型（*B. graminis* f.sp.*hordei*），侵染黑麦的为其黑麦专化型（*B. graminis* f.sp.*secalis*），侵染燕麦的则为其燕麦专化型（*B. graminis* f.sp. *avenae*）。白粉病在全国各麦区都有发生，已经成为危害严重，成灾率高的主要病害。

【危害与诊断】 病原菌危害叶片、叶鞘、茎秆和穗，被害麦田一般减产5%～10%，严重的减产20%以上。

叶片上病斑近圆形或长椭圆形，表面覆盖一层白粉状霉层，厚度可达2毫米左右，易于识别（图1-18）。霉层由病原菌的菌丝、分生孢子梗和分生孢子构成。以后，霉层逐渐变为灰白色至淡褐色，其中生有许多黑色小粒点，即病原菌的闭囊壳（图1-19）。严重时病斑连成一片，叶片大部为霉层覆盖，发黄枯死。叶鞘、茎秆和穗发病后也被霉层覆盖（图1-20）。发病较早、较重的植株分蘖减少，根系发育不良，矮小瘦弱，不能抽穗或抽出的穗短小；发病较晚的穗粒数减少，千粒重降低。

图1-18 小麦叶片上白粉病病斑

图1-19 小麦叶片上白粉病病菌霉层和闭囊壳

由病斑大小和霉层厚薄可以反映出小麦品种的抗病程度。免疫的品种受到白粉病菌侵染后，叶片上不产生病斑，近免疫的品种仅生枯死斑，不生霉层（图1-21）。高度抗病品种叶片上病斑小，霉层很薄，透过霉层可看到绿色叶面，有时病斑虽然较大，但仍透绿。中度抗病品种病斑直径较小，但霉层较厚，不透绿。感病品种病斑直径较大，霉层厚，其中中度感病品种病斑不连片，高度感病品种病斑连片（图1-22）。

图1-20　小麦穗部白粉病

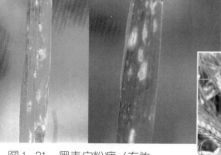

图1-21　黑麦白粉病（右为感病品种，左为抗病品种）

图1-22　大麦白粉病

7. 麦类霜霉病

又名疯顶病。病原菌为大孢指疫霉 *Sclerophthora macrospora* (Sacc.)Thirumalachar et al.，属于鞭毛菌亚门、卵菌纲、霜霉目、

指疫霉属。该菌侵染禾本科43个属140余种植物，其中包括小麦、大麦、燕麦、黑麦、玉米、高粱、水稻等作物以及冰草、剪股颖、早熟禾、雀麦、看麦娘、马唐、稗草等禾本科杂草。麦类霜霉病分布普遍，但发生不重。

【危害与诊断】 全株发病，表现畸形，不抽穗或结实不良，严重减产。

病株分蘖增多，但多数分蘖早期萎谢死亡。病株有不同程度的变矮和畸形，叶片较短小且稍有增厚，叶面发皱，僵直上举，上部叶片扭曲卷缩（图1-23）。有的叶片上出现黄色条纹或全面变黄。部分病株不结穗或成熟前死亡，有的保持绿色时间比健株更长。有些能抽穗，但穗颈屈曲成弓状，扭曲，穗畸形。花器增生，颖片开张，芒弯曲（图1-24）。有的下部小穗颖壳绿色，小叶状，或小穗轴加长。病穗结实不良。高湿时，病叶片、叶鞘上长出灰白色霉层，即病原菌的孢子囊。

霜霉病症状复杂，因品种而有所不同，有时非常类似2,4-滴药害或病毒侵染，需仔细鉴别。

图1-23 小麦霜霉病病株叶片扭曲卷缩，僵直上举，穗畸形

图1-24 小麦霜霉病病穗

8. 麦类赤霉病

麦类赤霉病的病原菌为半知菌亚门，丝孢纲，瘤座菌目，镰孢属真菌。主要为禾谷镰孢 *Fusarium graminearum* Schwabe，其次为燕麦镰孢 *F.avenaceum* (Fr.) Sacc.、黄色镰孢 *F. culmorum* (Smith) Sacc. 等。禾谷镰孢的有性态为玉米赤霉 *Gibberella zeae* (Schwein.) Petch。赤霉病菌的寄主植物较多，主要有小麦、大麦、燕麦、黑麦以及玉米、高粱、水稻等多种禾本科作物和草类。

【危害与诊断】 病原菌主要危害穗部，引起穗腐，也可引起苗腐、茎基腐等症状。穗受害后，穗粒数减少和千粒重降低，严重减产。在长江中下游冬麦区，大流行年份的小麦病穗率达50%～100%，产量损失20%～40%；中度流行年份病穗率30%～50%，产量损失10%～20%。另外，病籽粒粗蛋白质含量降低，出粉率低，面粉湿面筋含量减少，商品价值低。病籽粒含有多种真菌毒素，可引起人、畜急性中毒。病粒率高的小麦不能加工面粉食用。病籽粒发芽率很低，也不能作种用。小麦病粒的最大允许含量为4%。

病穗从籽粒灌浆至乳熟期出现明显症状。初期病

图1-25 小麦赤霉病穗腐初期症状

图1-26 赤霉病引起的小穗和小穗轴腐烂

小穗颖片基部出现褐色水浸状病斑，后逐渐扩展到整个小穗，病小穗褪绿发黄。空气潮湿时，颖片合缝处和小穗部产生粉红色霉层，为病原菌的分生孢子座和分生孢子(图1-25)。霉状物被雨露分散后，病部显露黑褐色病斑。个别或少数小穗、小花发病后，迅速向其他小穗、小花扩展。穗颈、穗轴或小穗轴变褐腐烂，可使病变部位以上的小穗全部枯黄（图1-26，图1-27）。受害的小穗不结实或病粒皱缩干秕。后期遇高湿多雨天气时，病小穗基部和颖片上聚生蓝黑色的小颗粒，为病原菌的子囊壳（图1-28）。枯死的穗也可生黑色霉层，为腐生真菌。发病较轻时，仅部分麦穗罹病，严重发病时，几乎全田麦穗变色枯腐（图1-29，图1-30）。病穗所结出的籽粒皱缩，表面呈变污白色或紫红色（图1-31）。

苗枯主要由种子带菌引起，芽鞘、根鞘、根冠变黄褐色水浸状腐烂，并向根、叶扩展，轻的生长衰弱，严

图1-27 赤霉病引起的穗颈腐烂

图1-28 赤霉病病穗上的子囊壳

图1-29 小麦赤霉病病株

重的幼苗枯死。种子残余和病苗上可能产生粉红色霉状物。

茎基腐是幼苗或成株的茎基部变褐腐烂，严重的整株枯萎死亡。拔取病株时，常从茎基腐烂部位断裂。但一般发病较轻，仅基部叶鞘黄枯。有时茎基部也产生蓝黑色颗粒状子囊壳。病原菌还可侵染水稻和玉米等作物，造成稻桩和玉米秸秆带菌。图1-32为密生子囊壳的玉米残秆。

图1-30 发生小麦赤霉病的麦田

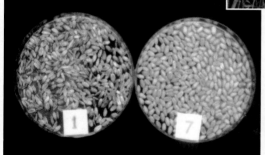

图1-31 小麦赤霉病病籽粒（右为健粒）

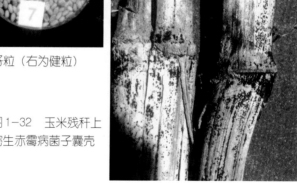

图1-32 玉米残秆上密生赤霉病菌子囊壳

9.麦类麦角病

病原菌为麦角菌 *Claviceps purpurea* (Fr.) Tul.，属于子囊菌亚门，核菌纲，球壳目，麦角菌属，侵染200余种禾本科植物。病原菌的菌核称为"麦角",对人、畜有毒,是提炼麦角素药物的原料。在麦类作物中,黑麦发生最重,多数大麦、小麦、小黑麦品种也感病,燕麦抗病。在历史上,麦角病曾是麦类作物重要病害。20世纪以来,由于采取了清除麦角等防治措施,已不再大面积流行。现仅开颖受粉的品系和部分雄性不育品系多有发生。

【危害与诊断】 病原菌危害穗部,产生菌核,造成小穗不实而减产。菌核含有麦角胺等生物碱,能引起人或哺乳动物麻痹、流产以及呼吸器官病害。

麦角病易于诊断。被病原菌侵染的小花在开花期分泌黄色蜜露状粘液(含有大量分生孢子),子房逐渐膨大,但不结麦粒,而是形成病原菌的菌核露出颖壳外。菌核紫黑色,麦粒状、刺状或角状,依寄主种类而不同(图1-33)。其长度为2~20毫米不等,也因寄主种类不同而有较大变化。

图1-33 小麦的"麦角"(右)

10. 麦类黄矮病

麦类黄矮病是由大麦黄矮病毒(*Barley yellow dwarf virus*, BYDV)引起的世界性病害。小麦黄矮病是我国流行范围最广、危害最大的病毒病害。我国西北、华北、东北、西南及华东等大部分冬、春麦区及冬春麦混种区,每年都有不同程度的发生。豫西、晋南、陕西、关中、甘肃、陇东以及华东和西南地区为冬小麦的主要流行区,甘肃河西走廊、陕北等地为冬春麦混种流行区,宁夏、内蒙古、晋北、冀北以及东北为春小麦的主要流行区。

【危害与诊断】 整株发病,流行年份可减产20%~30%,严重时达50%以上。

黄矮病的常见症状为病株节间缩短,植株矮小,叶片失绿变黄。多由叶尖或叶缘开始变色,向基部扩展,叶片中下部呈黄、绿相间的纵纹(图1-34)。

小麦全生育期均可被侵染,症状特点随侵染

图1-34 发生小麦黄矮病麦田

时期不同而有所差异。幼苗期被侵染的,根系浅,分蘖减少,叶片由叶尖开始褪绿变黄,逐渐向基部发展,但很少全叶黄化。病叶较厚、较硬,叶背蜡质层较多。多在冬季死亡。残存病株生长后期严重矮化,旗叶明显变小,不能抽穗结实,或虽能抽穗结实但穗粒数减少,千粒重降低。拔节期被侵染的植株,只有中部以上叶片发病,病叶也是先由叶尖开始变黄,通常变黄部分仅达叶片的1/3~1/2处。病叶亮黄色,变厚,变硬(图1-35)。有的叶脉仍为绿色,因而出现黄绿相间的条纹。后期全叶干枯,有的变为白色,多不下垂。此类病株矮

图1-35 小麦黄矮病

图1-36 大麦黄矮病

化不明显，但秕穗率增加，千粒重降低。穗期被侵染的，仅旗叶或连同旗下的1～2片叶发病变黄，病叶由上向下发展，植株不矮化，秕穗率高，千粒重降低。

大麦的症状与小麦相似。叶片由尖端开始变黄，以后整个叶片黄化，仅沿中肋残留有绿色条纹。老病叶变黄而有光泽（图1-36）。黄化部分可有褐色坏死斑点。某些品种叶片变红色或紫色。成株被侵染，仅主茎最上部叶片变黄。早期病株显著矮化。黑麦也产生类似症状（图1-37）

燕麦的症状因品种、病毒株系及侵染发生的生育阶段不同而异。病叶变黄色、红色或紫色（图1-38，图1-39）。许多燕麦品种病株叶片变红色，因而也被称为"燕麦红叶病"。燕麦红叶病是我国燕麦种植区重要病害。植株染病后，一般

图1-37 黑麦黄矮病

图1-38 燕麦黄矮病的黄叶症状

图1-39 燕麦黄矮病的红叶症状

上部叶片先出现症状。叶部受害后，先自叶尖或叶缘开始呈现紫红色或红色，逐渐向下扩展成红绿相间的条纹或斑驳，病叶变厚、变硬。后期叶片橘红色，叶鞘紫色，病株有不同程度的矮化。

11.小麦普通根腐病

由根腐离蠕孢(*Bipolaris sorokiniana*)侵染引起，详见麦类离蠕孢综合症部分。

12.小麦锈病

小麦锈病包括条锈病、叶锈病和秆锈病三种，是小麦最重要的病害和主要防治对象。条锈病的病原菌为条形柄锈菌小麦专化型 *Puccinia striiformis* West. f.sp. *tritici* Eriks et Henn.，叶锈病为隐匿柄锈菌小麦专化型 *P. recondita* Roberge et Desmaz. f. sp. *tritici* (Erikss. et Henn.) Henderson,秆锈病为禾柄锈菌小麦专化型 *P. graminis* Pers. f.sp.*tritici* Eriks. et Henn.，皆属于担子菌亚门，冬孢菌纲，锈菌目，柄锈菌属。我国以小麦条锈病发生最为广泛，以西北、华北和西南地区受

图1-40 小麦条锈菌的夏孢子堆
（反应型为4型）

图1-41 小麦叶锈菌的夏孢子堆

害最为重。小麦叶锈病在各麦区都有分布,西南和华北地区发生较严重。小麦秆锈病主要发生在东北及内蒙古东部晚熟春麦区,在闽、粤东南沿海、云南和江淮平原等地也有发生。

【危害与诊断】 条锈病主要发生在叶片上,也危害叶鞘、茎、穗、颖壳和芒。叶锈病也主要发生在叶片上,也危害叶鞘。秆锈病则主要发生在茎和叶鞘上,但叶片和穗也多有发生。在适宜的气象条件下,锈病能迅速传播,暴发成灾。在锈病大流行年份,小麦感病品种减产30%左右,在特大流行年份减产50%~60%。

三种锈病最初都在发病部位生成小型的褪绿病斑,以后很快变黄色或褐色,发育成为锈菌的夏孢子堆。夏孢子堆凸起,为叶表皮覆盖,成熟后表皮破裂,散出铁锈色的粉末,即病原菌的夏孢子(图1-40,图1-41,图1-42)。小麦成熟前,在发病部位还形成另一种黑色的疱斑,称为冬孢子堆,内藏黑色冬孢子(图1-43)。根据夏孢子堆与冬孢子堆的产生,可以准确地识别锈病。区分三种锈病,则要仔细比较孢子堆的大小、形状、颜色、排列特点和覆盖孢子堆的表皮开裂情况(表1-1)。

图1-42 小麦秆锈菌的夏孢子堆(曹远银提供)

图1-43 小麦条锈菌的冬孢子堆

表 1-1　小麦三种锈病的识别特征

孢子堆	条锈病	叶锈病	秆锈病
夏孢子堆	小，鲜黄色，长椭圆形。在成株叶片上沿叶脉排列成行，"虚线"状（图1-40）。在幼苗叶片上，以侵入点为中心，形成多重同心环（图1-44）。覆盖孢子堆的表皮开裂不明显	较小，橘红色，圆形至长椭圆形，不规则散生，多生于叶片正面。覆盖孢子堆的寄主表皮均匀开裂（图1-41）	大，褐色，长椭圆形至长方形，隆起高，不规则散生，可相互愈合。覆盖孢子堆的寄主表皮大片开裂，常向两侧翻卷（图1-42）
冬孢子堆	小，狭长形，黑色，成行排列，覆盖孢子堆的表皮不破裂（图1-43）	较小，圆形至长椭圆形，黑色，散生，覆盖孢子堆的表皮不破裂	较大，长椭圆形至狭长形，黑色，散生无规则，覆盖孢子堆的表皮破裂，卷起

秋末冬初，在小麦幼苗叶片上，条锈病和叶锈病夏孢子堆密集发生，颜色相似，容易混淆。此时，主要根据夏孢子堆的色泽和分布特点区分。在感染条锈病的叶片上，病菌可以从一个侵染点不断向周围扩展，每天形成一圈孢子堆，成为多个同心环。中心的发病最早。当中心的孢子堆已经破裂散粉变为枯黄色后，外围各圈的孢子堆由内向外依次处于正在散粉、刚刚破裂、尚未破裂或正在产生等不同状态，最外一圈为褪绿晕环（图1-44）。在感染叶锈病的叶片上，成片密集的孢子堆则是由病菌多点分别侵入造成的，不具有上述现象。

有时叶片上的单个叶锈孢子堆与单个秆锈孢子堆难以区分。此时可根据孢子堆对叶片的穿透情况加以判断。秆锈病夏孢子堆容易穿透叶

图 1-44　条锈菌在小麦幼苗叶片上形成的晕环状夏孢子堆（胡小平提供）

片,同一个侵染点,在叶片正面和背面都形成孢子堆,而且叶背的孢子堆比叶片正面的大。叶锈病的孢子堆主要发生在叶片正面,多不穿透叶片。少数能穿透的,则叶片另一面的孢子堆较小。

小麦抗病品种的症状与感病品种有明显区别,此种区别用"反应型"表示(表1-2)。反应型表示夏孢子堆及其周围植物组织的综合特征。抗病品种的夏孢子堆无或小,周围组织枯死(图1-45,图1-46,图1-47,图1-49)。感病品种的夏孢子堆大,周围组织无变化或仅有轻度失绿(图1-48,图1-40)。

表1-2 小麦锈病的反应型划分

反应型级别	识 别 特 征	所代表的抗病程度
0	无肉眼可见症状	抗病(免疫)
0;	仅产生褪绿或枯死病斑,不产生夏孢子堆	抗病(近免疫)
1	枯死斑上产生微小的夏孢子堆,常不破裂	抗病(高度抗病)
2	夏孢子堆小至中等大小,周围组织失绿或枯死。秆锈病的夏孢子堆生在绿色组织上,周围环绕枯死组织或失绿组织,形成"绿岛"	抗病(中度抗病)
3	夏孢子堆中等大小,周围轻度失绿	感病(中度感病)
4	夏孢子堆大,秆锈病的夏孢子堆常相互愈合	感病(高度感病)

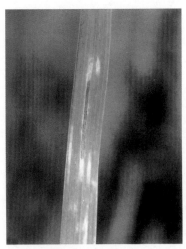

图1-45 小麦条锈病的抗病反应型(0型)

图1-46 小麦条锈病的抗病反应型(1型)

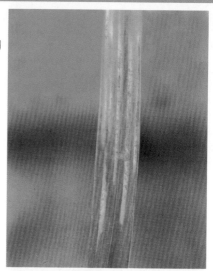

图1-47 小麦条锈病的抗病反应型（2型）

图1-48 小麦条锈病的感病反应型（3型）

图1-49 小麦叶锈病的抗病反应型

13. 小麦雪霉叶枯病

病原菌为雪腐捷氏霉 *Gerlachia nivalis*（Ces. ex Sacc.）Gams & Müll.[= *Microdochium nivale* (Fr.) Samuels & Hallett]，属于半知菌亚门，丝孢纲，瘤座菌目，捷氏霉属，其有性态为 *Monographella nivalis*（Schaffn.）Müll.。该菌在不同生态条件下引起不同的病害。在冬季长期积雪的寒带和寒温带，危害积

23

雪下的麦苗，引起红色雪腐病，我国仅新疆有发生。在我国其他广大麦区，冬季无积雪或积雪时间短，不存在发生雪腐病的生态条件，而是引起成株期叶枯，特称为"雪霉叶枯病"。雪霉叶枯病最早于20世纪60年代发现于陕西，以后在西北、西南地区，长江中下游以及黄淮麦区都有发生。

【危害与诊断】 苗期和成株期都可发生。出现芽腐、苗枯、基腐、叶枯、鞘腐和穗腐等多种症状，以叶枯和鞘腐最常见。病株籽粒灌浆不足而秕瘦。在我国西南一些地区，芽腐和苗枯也很重，出现越冬后死苗现象。

主要症状的鉴别特点为：

(1) 叶枯和鞘腐 成株叶片上病斑初呈水浸状，后扩大为椭圆形大斑，发生在叶片边缘的多为半圆形（图1-50）。病斑直径1～4厘米，多数2～3厘米。病斑边缘灰绿色，中部污褐色，由于浸润性地向周围扩展，常形成数层不甚明显的轮纹。空气潮湿时，病斑表面产生砖红色霉层。有时病斑边缘还有白色菌丝薄层，对着阳光看，尤其明显。病斑上还可能生出微细的黑色颗粒状物，成行排列，这是病原菌的子囊壳。后期多数病叶枯死。

抽穗后，植株上位的叶鞘变褐腐烂。叶鞘多从与叶片连接处开始发病，进一步向叶片基部和叶鞘中下部扩展（图1-51）。鞘腐部分多无明显的边缘，潮湿时生出稀薄的红色霉状物。鞘腐常造成旗叶和旗下一叶枯死。

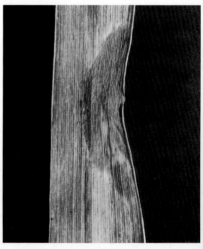

图1-50 小麦雪霉叶枯病叶斑症状

图1-51 小麦雪霉叶枯病鞘腐症状

(2) 芽腐和苗枯　种子萌发后，胚根、胚芽鞘和胚根鞘腐烂变色，生长点可在出土前或出土后烂死，幼芽水浸状溃散。幼苗发病时，基部叶鞘褐变坏死，坏死部分向叶片扩展，使叶片腐烂或变黄枯死。病苗矮小衰弱，严重的整株水浸状褐变死亡。枯死苗表面生有白色菌丝层，有时呈污红色（图1-52）。

(3) 基腐　成株基部1~2节叶鞘变褐腐烂，茎秆上有时生长条形褐色病斑。后期病部生黑色小粒点，为病原菌的子囊壳。

(4) 穗腐　部分小穗或全穗腐烂枯死。病小穗颖壳上生褐色水浸状斑块和红色霉状物（图1-53）。病粒皱缩，有的变褐色，表面有污白色菌丝层。穗颈和穗轴也变褐腐烂。穗腐症状与赤霉病相似，难以区分。

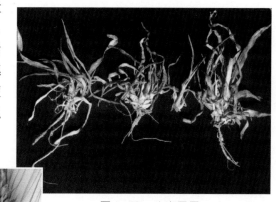

图1-52　小麦雪霉叶枯病苗枯症状

图1-53　小麦雪霉叶枯病穗腐症状

14. 小麦黄斑叶枯病

病原菌为 *Drechslera tritici-repentis* (Died.) Shoemaker，属于半知菌亚门，丝孢纲，丝孢目，德氏霉属，有性态为一种子囊菌 *Pyrenophora tritici-repentis* (Died.) Drechs.。

【危害与诊断】 病原菌侵染主要引起叶斑和叶枯,降低产量和小麦品质。

病株叶片上病斑椭圆形、长椭圆形或长条形,大小变化较大。大病斑长1厘米以上,宽3~5毫米,小病斑长2~3毫米,宽1~2毫米。典型病斑中心为黑色的叶片组织崩坏部,眼点状,崩坏部周围是褐色的叶组织坏死部,坏死部周围为黄色晕圈(图1-54)。严重发病时,多个病斑可汇合成为大型不规则形斑块,叶片枯死。

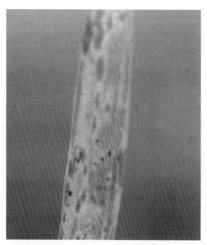

图1-54 小麦黄斑叶枯病

本病病斑可穿透叶片,叶片两面的病斑形状、色泽完全一致。将叶片迎着阳光观察,病斑半透明,其黑色崩坏部和黄色晕圈很清晰。有的高感病品种由叶尖部向下产生大片坏死,叶片枯萎死亡,呈现醒目的枯黄色。

抗病品种产生黑点型或晕点形病斑。黑点型病斑仅有黑色崩坏部,近圆形至卵圆形,很小。晕点型病斑长1毫米左右,由黑色崩坏部与周围的黄色晕圈构成,坏死部未发育或不明显。

病原菌也能侵染穗部,使颖片变褐色、坏死,带菌籽粒种皮变粉红色,硬粒小麦变色较明显。

15.小麦链格孢叶枯病

小麦链格孢叶枯病也称为小麦叶疫病,病原菌为小麦链格孢 *Alternaria tritcina* Prasada & Prabhu,属于半知菌亚门,丝孢纲,丝孢目,链格孢属。该菌侵染普通小麦和硬粒小麦。小麦链格孢叶枯病在我国是一种新病害,黄河中下游麦区有发生,其他麦区发生情况不明。

【危害与诊断】 主要引起叶斑和叶枯，造成减产。因发病时期不同，穗粒数减少幅度为12%~52%，千粒重降低幅度为0.4%~11.8%。发病越早，损失越重，整个生育期发病的，穗粒数可能减少79%，千粒重降低21.3%。病株籽粒蛋白质含量显著降低。

由植株下部叶片开始发病，并逐步向上部叶片扩展。严重发生时除叶片外，还可在叶鞘、穗、芒和颖壳上发现症状。叶片最初散生卵圆形褪绿小斑，后扩大变为灰褐色长椭圆形至不规则形病斑。病斑长3~23毫米，宽1~5毫米，其中多数长5~8毫米，宽2~3毫米。病斑中心部位为黑褐色，眼点状，周围为深褐色的坏死部分，其两端可沿叶脉伸展，形成较长的坏死线。坏死部周围有黄色晕圈（图1-55）。潮湿时，病斑上生黑色霉状物。病斑可相互连合，占据大部叶面，导致叶片枯死。小麦近成熟时病情最重。重病田叶片全部枯死，像被火烧过一样。

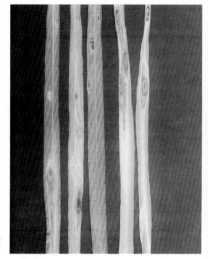

图1-55 小麦链格孢叶枯病

16. 小麦壳针孢叶枯病

通称"小麦叶枯病"，病原菌为小麦壳针孢 *Septoria tritici* Roberge & Desmaz.，属于半知菌亚门、腔孢纲、球壳孢目、壳针孢属。随品种更替和环境改变，发病区域曾有明显变动。20世纪30年代前后分布于我国南北各地，现主要危害区域是东北晚熟春麦区和西北局部冷凉阴湿地区。

【危害与诊断】 病原菌主要危害叶片，引起叶斑和叶枯。

叶片上初生褪绿小斑，受叶脉限制，多沿叶脉扩展，形成长条形、不规则形病斑，长可达15毫米，宽可达5毫米，病斑中部淡褐色，边缘黄色（图1-56）。后期病斑上生黑色小粒点，为病原菌的分生孢子器，高湿时有乳白色或淡黄色孢子溢从分生孢子器的孔口涌出。多个病斑可相互汇合，严重时叶片变黄早枯（图1-57）。通常植株下部叶片先发病，逐渐向上部叶片发展。病原菌也侵染叶鞘、茎节，产生梭形、椭圆形褐色病斑，严重时大部叶鞘变褐枯死（图1-58）。病原菌还侵染穗颈和穗部，在穗颈上产生条形、不规则形暗褐色斑块，致使穗子枯熟。穗部被侵染后颖壳和芒变色（图1-59）。

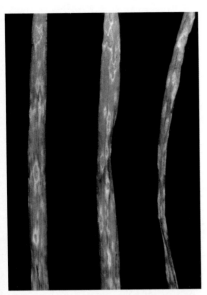

图1-56 小麦壳针孢叶枯病叶斑（俞炳骧提供）

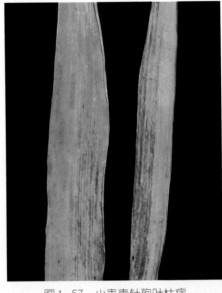

图1-57 小麦壳针孢叶枯病引起的叶枯，病斑上有分生孢子器（俞炳骧提供）

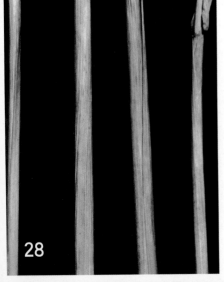

图1-58 小麦壳针孢叶枯病的叶鞘症状（俞炳骧提供）

秋季阴湿多雨，秋苗发病重，使植株衰弱，易感根腐病，多数叶片变黄。

图1-59　小麦壳针孢叶枯病的穗颈和穗部症状（俞炳骧提供）

17. 小麦壳多孢叶枯和颖枯病

通称"小麦颖枯病"，病原菌为颖枯壳多孢 *Stagonospora nodorum* (Berk.) Castellani & Germano，属于半知菌亚门，腔孢纲，球壳孢目，壳多孢属。主要分布在东北晚熟春麦区和西北局部冷凉阴湿地区，危害较重。

【危害与诊断】　主要侵染叶片和穗部，引起叶斑、叶枯和颖枯。有资料表明，麦株的上三叶和穗部发病减产65%，其中旗叶发病减产23%，旗叶下1～2叶发病减产13%，穗部发病减产19%。

叶片上病斑呈梭形、椭圆形或不规则形，病斑中部淡褐色，边缘深褐色，周围有黄色晕。病斑扩展不像小麦壳针孢叶枯病那样受到叶脉限制，多个病斑可相互汇合形成较大的斑块，严重时造成叶枯。后期病斑上形成多数黑色小粒点，即病原菌的分生孢子器（图1-60）。高湿时，由孢子器的孔口涌出粉红色孢子溢。叶鞘和茎秆也能被侵染发黄，并出现褐色病斑。

穗部被侵染，多由颖壳顶部先显症，出现深褐色至灰白色病斑，并向下扩展，以至发展到整个颖壳，高湿时病颖壳上也可形成多数黑色小粒点（图1-61）。病穗不结实，或虽能结实但籽粒秕瘦。

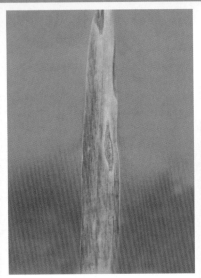

图1-60 小麦壳多孢侵染引起的叶斑

图1-61 小麦壳多孢侵染引起的颖枯

18.小麦褐色叶枯病

小麦褐色叶枯病是我国小麦的一种新病害，发生于新疆。病原菌无性态为燕麦壳多孢小麦专化型 *Stagonospora avenae* (Frank)Bissett f. sp.*triticea* Johnson，属于半知菌亚门，腔孢纲，球壳孢目，壳多孢属。

【危害与诊断】 主要危害叶片，引起叶斑和叶枯，叶鞘和穗部也被侵染而发病。病株叶片早期枯死，影响灌浆，千粒重降低，小麦严重减产。

叶片上初生褪绿小斑，扩展后成为纺锤形至椭圆形褐色病斑，多数长5~10毫米，宽约2毫米。成熟病斑有明显层次，中部为灰褐色或黑色，向外为褐色或红褐色，最外围为黄色晕圈。多个病斑常汇合为不规则斑块，使叶片提早枯死（图1-62）。水分条件适宜时，病斑中部产生黑色小粒点，即病原菌的分生孢子器，在叶脉间成行排列，病斑背面较多。有时老病斑中部还产生子囊壳，与分生孢子器伴生。叶片上病斑可由叶片基部延伸到叶鞘上，造成叶鞘发病枯死。

穗部发病多在颖壳上形成褐色或黑褐色斑块，麦芒变褐枯死。

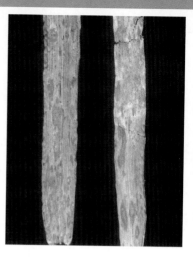

图1-62　小麦褐色叶枯病（俞炳骧提供）

19. 小麦和大麦卷曲病

病原菌为半知菌亚门的一种真菌 *Dilophospora alopecuri* (Fr.) Fr.，除小麦和大麦外，还侵染黑麦、燕麦以及禾本科草。该病分布不广，已知在甘肃省河西走廊等地有所发生。

【危害与诊断】　病原菌侵染产生病斑或导致植株畸形。

叶片上初生黄色后变褐色的病斑，长圆形或梭形，扩大后可达4～8毫米长，1～1.5毫米宽，病斑中部生黑色小粒点，或变为黑色硬壳状，叶鞘上也产生类似病斑，病叶常卷曲干枯（图1-63）。

由线虫传播，引起幼苗侵染时，病叶和茎秆扭曲畸形，以至成株叶片不能全部抽出，或由于旗叶紧抱而不能抽穗。病部缠绕灰色菌丝体，后期部分小穗变黑色、革质状。

图1-63　大麦卷曲病旗叶症状

20. 小麦黑颖病

小麦黑颖病是细菌引起的病害，也叫着小麦细菌性黑颖和条斑病，病原物主要为野油菜黄单胞小麦致病变种 *Xanthomonas campestris* pv. *undulosa* (Smith et al.) Dye。该变种可侵染小麦、黑麦和大麦等，局部地区发病较重。

【危害与诊断】 危害叶片、叶鞘、穗部，主要引起叶枯和穗腐。叶部初生水浸状暗绿色小斑，后沿叶脉纵向扩展，形成黄褐色半透明的条斑，长短不一。病斑可相互连接成较大的斑块（图1-64）。高湿时，出现黄色粘稠的小液滴，即细菌溢脓。

病株整穗或部分小穗发病，颖壳上沿脉产生小条斑，初半透明水渍状，后变成褐色或黑色（图1-65）。条斑可汇合形成黑色斑块。有些品种不表现黑颖症状，而是在病颖片上形成散布的褐色斑块，或不变黑的条斑。高湿时，病穗上也出现黄色菌脓。

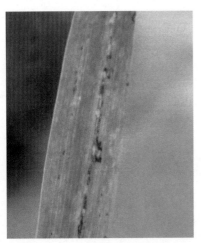

图1-64 小麦黑颖病叶片症状

图1-65 小麦黑颖病穗部症状

21. 小麦秆黑粉病

病原菌是冰草条黑粉菌 *Urocystis agropyri* (Preuss) Schrot.，属于担子菌亚门，冬孢菌纲，黑粉菌目，条黑粉菌属。小麦秆黑粉病在历史上曾广泛分布在世界各小麦产区,是小麦的主要病害之一。我国北方冬麦区也曾严重发生,新中国建立后采取了综合防治措施,迅速得到控制,至今再没有流行成灾,仅局部地区有少量发生。

【危害与诊断】 病株早期枯死,不能抽穗,或者虽能抽穗,但结实不良,严重减产。

小麦苗期就开始发病,拔节期以后症状逐渐明显。病株茎秆、叶鞘和叶片上形成略隆起的长条形病斑,即病原菌的冬孢子堆,初为黄白色,后变为银灰色。斑内充满黑粉(病原菌的冬孢子),表皮破裂后散出(图1-66,图1-67)。病叶和茎秆卷缩、扭曲(图1-68)。少数颖壳和种子上也产生冬孢子堆。

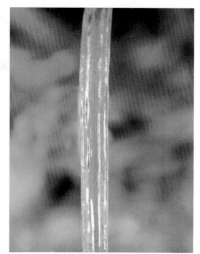

图1-66 小麦秆黑粉病叶片症状

图1-67 小麦秆黑粉病叶鞘症状(胡小平提供)

图1-68 小麦秆黑粉病病株畸形(胡小平提供)

病株比健株矮小,分蘖增多,病重的大部分不能抽穗而枯死。有些植株虽能抽穗,但穗子多卷曲在旗叶叶鞘内;能够正常抽出的,也结实不良。发病较轻的植株只有部分分蘖发病,其余仍可正常抽穗结实。

22. 小麦矮腥黑穗病

小麦矮腥黑穗病是重要的国际检疫性病害,主要分布于美洲、欧洲、西亚和北非。病原菌为矮腥黑粉菌 *Tilletia controversa* Kühn,属于担子菌亚门,冬孢菌纲,黑粉菌目,腥黑粉菌属。

【危害与诊断】 小麦矮腥黑穗病的病株矮化,籽粒为菌瘿(病原菌的冬孢子堆)所代替,造成严重减产。通常病穗率即为减产率。病田发病株率一般为10%~30%,严重时可达70%~90%。

矮腥黑粉菌刺激麦株产生较多分蘖,病株分蘖数目比健株多1倍以上,达4~10个,有的更多至30~40个。有些小麦品种幼苗叶片上出现褪绿斑点或条纹。拔节后,病株茎秆伸长受抑制,明显矮化,高度仅为健株的1/4~2/3,个别病株高度只有1~25厘米(图1-69)。但一些半矮秆品种病株高度降低较少。

病株穗子较长,较宽大,小花增多,达5~7个。有的品种芒短而弯,向外开张,因而病穗外观比健穗肥大。病穗有鱼腥臭味。各小花都成为菌瘿。菌瘿黑褐色,较普通腥黑穗病的菌瘿略小,其形状更近于球形,坚硬,不易压碎,破碎后呈块状,内部充满黑粉,即病原菌的冬孢子(图1-70)。在小麦生长后期,病粒遇潮、遇水可被胀破,孢子外溢,干燥后成为不规则的硬块。

小麦矮腥黑穗病的典型症状与小麦普通腥黑穗病有明显区别(表1-3)。

图1-69 小麦矮腥黑穗病病株(右为健株)

但是，在自然条件下，矮腥病株的多蘖与矮化程度变异较大，这既与寄主、病菌和环境等多种因素有关，也与侵染时间和程度密切相关，有时与普通腥黑穗病的症状不易区别，此时不宜以症状作为诊断的惟一依据。

图1-70 小麦矮腥黑粉菌菌瘿（右）

表1-3 小麦矮腥黑穗病与普通腥黑穗病的症状比较

项目	矮腥黑穗病	普通腥黑穗病
株高	极度矮化，可为健株的1/4~2/3	较健株稍矮
分蘖	增多，可比健株多1倍以上	较健株略多
穗部特征	①病穗宽大，小穗、小花明显增多 ②全穗受害，病粒整个变为菌瘿，近球形，较硬 ③有鱼腥味	①病穗略短，小穗、小花略有增多 ②全穗受害，病粒整个变为菌瘿，麦粒状，不硬，易破 ③有鱼腥味

23. 小麦普通腥黑穗病

小麦普通腥黑穗病由两种病原菌引起，一种为网腥黑粉菌 Tilletia caries (DC.) Tul. & Tul.，另一种为光腥黑粉菌 T. foetida (Wallr.) Liro，都属于担子菌亚门，冬孢菌纲，黑粉菌目，腥黑粉菌属。两者黑粉孢子形态不同，但病害症状和发生规律相同。普通腥黑穗病曾经是我国北方冬麦区和西北春麦区的一种主要病害，常年因病减产10%~20%。新中国建立后推广了综合防治措施，控制了该病的危害。20世纪60年代以后，仅局部山区有少量发生。

【危害与诊断】 病株稍矮，分蘖稍多，病穗稍短，颖片开张

（图1-71）。籽粒为灰黑色菌瘿所代替。菌瘿与麦粒同大，包被薄膜，易破裂，散出黑色粉末状冬孢子（图1-72）。菌瘿和冬孢子含有三甲胺，具有鱼腥味。因籽粒为菌瘿所代替，造成严重减产。在加工过程中，冬孢子还可污染面粉，降低品质。茎叶上偶尔也产生冬孢子堆。

图1-71 小麦普通腥黑穗病病穗

图1-72 小麦网腥黑粉菌菌瘿（右）

24.小麦散黑穗病

病原菌为小麦散黑粉菌 *Ustilago tritici* (Pers.) Rostr.，属于担子菌亚门，冬孢菌纲，黑粉菌目，黑粉菌属。散黑穗病是最常见的小麦病害，分布于全国各小麦产地。

【危害与诊断】 病原菌侵染麦穗，病穗变成菌瘿，无籽粒。一般病穗率即为减产率。但病田仅少数麦穗发病，病穗率通常低于1%。小麦高度感病品种减产可高达15%，甚至有减产27%的记载。

图1-73 小麦散黑穗病病穗

小麦散黑穗病易于识别,通常整个病穗全部受害,变为菌瘿,充满乌黑的冬孢子(黑粉孢子),外面包被灰色薄膜。薄膜破裂后,冬孢子飞散,仅残留穗轴和芒(图1-73)。病株比健株略高,抽穗较早。病株基节和叶片基部偶尔也可以见到疮痂状或条纹状冬孢子堆。

25. 小麦黑霉病

主要由草芽枝霉 *Cladosporium herbarum* (Pers.)Link. 引起。该菌弱寄生,属于半知菌亚门,丝孢纲,丝孢目,芽枝霉属。此外,芽枝霉属其他种类,以及链格孢属、匍柄霉属、弯孢霉属的若干弱寄生和腐生种类,也引致黑霉病。

【危害与诊断】 主要发生在麦株濒死和干枯的部分,不影响产量。

在成熟或枯熟的麦穗表面,滋生黑色霉状物,为病原菌的菌丝体和分生孢子,常构成大小不一的菌落,致使麦穗污秽不堪,严重时穗上密生黑霉(图1-74)。在高湿条件下,麦株下部老叶表面也可滋生黑霉,也构成大小、形状不一的菌落,略似叶斑病的病斑,病叶变黄。对病害田间诊断缺乏经验的人,易误诊为其他病害。

图1-74 小麦黑霉病病穗

26. 小麦灰霉病

病原菌为灰葡萄孢 *Botrytis cinerea* Pers.ex Fv.,属于半知菌亚门,丝孢纲,丝孢目,葡萄孢属。该菌寄主广泛,可引起各种主要农作物的灰霉病。

【危害与诊断】 主要危害麦穗,也危害叶部。病株的部分小穗或全穗发病,产生灰白色霉状物,为病原菌的菌丝体和分生孢子(图1-75)。严重时病穗腐烂,造成减产。

另外,灰霉病菌还可以侵染叶片和叶鞘。叶片自苗期开始,就产生不规则水浸状病斑,后扩大引起叶片褪绿变黄,以至变黑褐色枯死,病部出现灰白色霉状物。叶鞘和茎秆也变色腐烂,表面出现一层灰白色霉状物。

图1-75 小麦灰霉病病穗

27. 小麦黑胚病

黑胚病主要是由根腐离蠕孢 *Bipolaris sorokiniana* (Sacc. ex Sorok.) Shoem.侵染引起的,是根腐离蠕孢综合征的组成部分。此外,离蠕孢属的其他种类以及德氏霉属(*Drechslera*)、链格孢属(*Alternaria*)、镰孢属(*Fusarium*)的一些种类侵染小麦后,也能引起黑胚病。除小麦外,大麦、黑麦以及禾本科牧草的种子也发生黑胚病。

【危害与诊断】 危害种子,严重降低种子的发芽率和发芽势。幼苗的株高、鲜重、干重等都有减低。含有黑胚粒的小麦,商品价值降低。

罹病种子胚部变褐色或黑褐色,严重的种胚皱缩(图1-76)。除胚端外,种子的腹沟、种背等部位也有黑褐色斑块,变色面积甚至可超过种子表面积的1/2以上。

图1-76 小麦黑胚粒

28. 小麦粒线虫病

由小麦粒线虫 *Anguina tritici* (Steinb.)Filip. et stekh. 侵染引起的病害，病原线虫属于线虫门，侧尾腺口纲，垫刃目，垫刃总科，粒线虫属。小麦粒线虫病曾是我国冬麦区和春麦区常见的病害，危害严重。新中国建立后，采取综合措施大力防治，很快即基本扑灭，以后仅局部山区有零星发生。小麦粒线虫除为害小麦外，还可侵染大麦、黑麦、燕麦等。

【危害与诊断】 病株畸形，不能抽穗，或虽能抽穗但籽粒变为线虫瘿，严重减产。

受害幼苗叶片皱缩、扭曲，叶色浅，叶尖常被包裹在叶鞘内，严重的萎缩枯死。拔节后病株叶片皱缩卷曲，叶鞘疏松，茎秆肥肿弯曲。有的小麦品种幼嫩叶片上，出现小的圆形突起，是线虫的叶片虫瘿。小麦孕穗期以后，病株表现矮小，茎秆肥大，节间短缩；病重的不能抽穗。其余虽可抽穗，但穗短小，颖片张开，部分籽粒或全部籽粒变为虫瘿（图1-77）。虫瘿比麦粒短而粗，近球形，初为深绿色，后期变为黄褐色至黑褐色，顶部有小钩，不易压碎（图1-78）。剖开虫瘿，内部白色，含有大量线虫的2龄幼虫。

图1-77 小麦粒线虫病病穗

图1-78 小麦粒线虫虫瘿（右）

29. 小麦蓝矮病

小麦蓝矮病是20世纪50年代以来发现的一种病害，以陕西北部、甘肃陇东和陇南、山西北部等黄土高原丘陵区发生较为频繁。病原物是一种植原体，除小麦外，还寄生大麦、燕麦、黑麦、高粱、玉米、黍等作物以及多种禾草。有些小麦品种染病后叶片变红或变黄，又称为"红矮病"。

【危害与诊断】 病株矮缩，叶片变色，不能正常抽穗，一般减产20%~50%，重病田只得毁种。

冬小麦冬前一般不表现症状，翌年春季返青后始见明显症状。病株严重矮缩畸形，节间越往上越短缩，套叠状，叶片似成轮生状。基部叶片蓝绿色，明显增生、增宽、变厚，挺直光滑，有的叶缘呈锯齿状缺刻。心叶可卷曲、褪绿、变黄，甚至坏死。成株上部叶片出现黄色不规则条斑（图1-79，图1-80，图1-81）。根部发育不良，

图1-79 小麦蓝矮病病株矮缩

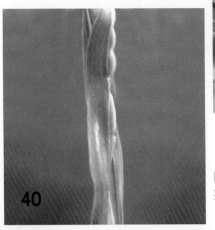

图1-80 小麦蓝矮病症状

图1-81 小麦蓝矮病病株叶缘出现缺刻

根毛减少。重病株生长停滞,枯死。存活的病株多不能正常拔节、抽穗,或仅抽出退化的塔形穗。有的小麦品种病株严重矮缩,但叶片变紫红色或黄色。

30．小麦丛矮病

小麦丛矮病是由北方禾谷花叶病毒(*Northern cereal mosaic virus*, NCMV)引起的病毒病害,也称为"坐坡"或"芦渣病"。小麦丛矮病毒的寄主范围较广,能侵染62种禾本科作物和杂草。该病20世纪60年代曾在我国西北以及河北、山东等省的部分地区发生,70年代在河北省和京、津推行冬小麦与棉花、玉米套种的地区流行,80年代以后在内蒙古和黑龙江部分春麦区流行。

【危害与诊断】 病株极度矮缩,冬前染病的多不能越冬而死亡,存活的不能抽穗,或虽能抽穗但结实不良。轻病田减产10%～20%,重病田减产50%以上。

典型症状为病株极度矮化,分蘖很多,像草丛一样(图1-82)。小麦全生育期都可被侵染。苗期病株心叶常有黄白色断续的细线条,长短不一,后变为黄绿相间的不均匀条纹。病苗多在越冬期死亡,残存的生长纤弱,分蘖增多,不能拔节,或虽可拔节但严重矮化而不能抽穗。冬前感病较晚的未显症病株,以及早春感染的植株,在拔节期陆续显症,不能全部抽穗,即使抽穗也不结实或结实不良。在拔节期被侵染的病株,新生叶出现条纹,虽能抽穗但穗粒数减少,籽粒秕瘦。孕穗期后被侵染的植株症状不明显。

图1-82 小麦丛矮病

31. 小麦土传病毒病害

小麦土传病毒，实际上是由土壤中生存的禾谷多粘菌（*Polymyxa graminis*）传播的，国内已报道有3种，即土传小麦花叶病毒（Soil-borne wheatm mosaic virus，SBWMV）、小麦梭条斑花叶病毒（Wheat spindle streak mosaic virus，WSSMV）、小麦黄花叶病毒（Wheat yellow mosaic virus，WYMV）。20世纪70年代以来，发生趋于扩大，危害渐趋严重，已成为小麦继黄矮病之后的又一类重要病毒病害。

土传小麦花叶病毒为杆状粒体，血清学特点与其他土传病毒有明显区别，仅分布于个别地方。小麦梭条斑花叶病毒与小麦黄花叶病毒的粒体都为丝状，两者在侵害症状、寄主范围、血清学特点、核酸与外壳蛋白构成等方面非常相近，常规方法难以区分。对各地标样鉴定结果和病毒分布的认知尚不一致，有待进一步研究。

【危害与诊断】 据各地报道，土传小麦花叶病可使小麦减产30%～70%，小麦梭条斑花叶病减产10%～20%，小麦黄花叶病除零星发病田外，一般病田减产10%～30%，严重的达70%～80%。

上述各种土传病毒侵染引起相似的花叶症状，现分

图1-83 土传小麦花叶病

图1-84 初春小麦梭条斑花叶病症状

述如下：

（1）**土传小麦花叶病** 秋苗多不表现症状，翌年春季返青后叶片褪绿而成淡绿色或黄色花叶，生短线状条斑。新生叶片出现花叶斑驳症状，也有短线状斑纹，叶鞘也生斑驳。气温升高后症状不再发展。有的小麦品种病株根系发育不良，地上部分变矮（图1-83）。

（2）**小麦梭条斑花叶病** 小麦多在返青拔节后显症，心叶及其下一叶从叶尖至中部褪绿，接着嫩叶上出现淡绿色至黄色斑点（图1-84，图1-85）。典型的为梭形枯死斑，后变为黄绿相间的不规则条纹，以至全叶枯黄（图1-86，图1-87）。病株株形松散，常较矮，穗短小。

（3）**小麦黄花叶病** 症状与小麦梭条斑花叶病相似，在田间分布更为均匀。早春病株叶片褪绿，出现黄绿色斑驳

图1-85 发生小麦梭条斑花叶病的麦田

图1-86 小麦梭条斑花叶病毒侵染引起的枯斑

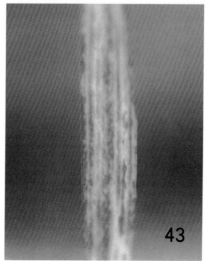

图1-87 小麦梭条斑花叶病毒侵染引起的枯死条纹

和与叶脉平行的断续斑纹，后整叶出现黄绿色条纹，继而黄化（图1-88）。气温高时病叶不易显症。病株轻度变矮，不抽穗或穗发育不良。

图1-88 小麦黄花叶病

32. 大麦锈病

大麦锈病主要有条锈病、叶锈病和秆锈病。条锈病菌为条形柄锈菌大麦专化型 *Puccinia striiformis* West. f.sp. *hordei* Eriks et Henn.，但该菌小麦专化型（小麦条锈病菌）也能侵染大麦。叶锈病菌为大麦柄锈菌 *Puccinia hordei* Otth.，秆锈病菌主要为禾柄锈菌小麦专化型（小麦秆锈病菌）。我国以大麦条锈病发生最为严重，叶锈病和秆锈病分布也较广泛。

【危害与诊断】 条锈病主要发生在叶片上，也危害叶鞘、茎、穗、颖壳和芒（图1-89）。叶锈病也主要发生在叶片上，也危害叶鞘（图1-90）。秆锈病则主要发生在茎和叶鞘上，但叶片和穗也多有发生。在适宜的气象条件下，锈病能迅速传播，暴发成灾。

三种锈病最初都在发病部位生成小型的褪绿病斑，以后很快变黄色或褐色，病菌发育形成夏孢子堆。孢子堆成熟后表皮破裂，散出

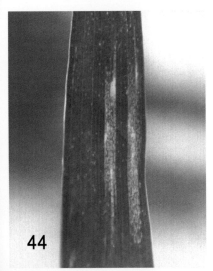

图1-89 大麦条锈病

铁锈色的粉末，即病原菌的夏孢子。小麦成熟前，在发病部位还形成另一种黑色的疱斑，称为冬孢子堆。根据夏孢子堆与冬孢子堆的产生，可以识别和区分三种锈病（参见小麦锈病部分）。

图1-90 大麦叶锈病

33.大麦网斑病

大麦网斑病是大麦的重要病害，病原菌为半知菌亚门的大麦网斑德氏霉 *Drechslera teres*（Sacc.）Shoem.，属于半知菌亚门，丝孢纲，丝孢目，德氏霉属。有性态为圆核腔菌 *Pyrenophora trers* (Died.) Drechs.，是子囊菌亚门的真菌。

【危害与诊断】 大麦网斑病主要危害叶片，也侵染叶鞘和穗。病株减产20%～30%，高感病品种减产50%以上，病麦品质降低。

叶片上症状有两种类型，即网斑型和斑点型，依菌系与品种不同而变化。网斑型病叶生黄褐色至淡褐色的斑块，病健界限不明，内有纵横交织的网状细

图1-91 网斑型症状

45

线，暗褐色，病斑较多时，连成暗褐色条纹状斑，上生少量孢子（图1-91）；但有的品种缺横纹或不明显，成为一类中间型症状（图1-92，图1-93）。斑点型病叶产生暗褐色的卵圆形、梭形、长椭圆形病斑，暗褐色，边缘常变黄色或不清晰（图1-94）。病斑上生黑色霉层。病斑可汇合，引起叶枯。

图1-92　中间型病斑（1）

图1-93　中间型病斑（2）

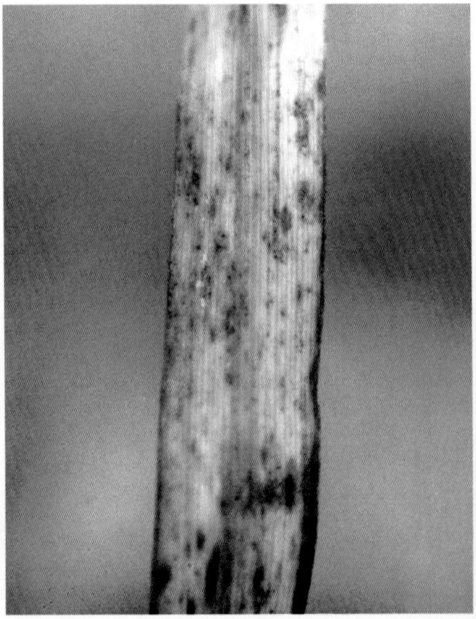

图1-94　斑点型病斑

34. 大麦条纹病

大麦条纹病是大麦的重要病害和主要防治对象，分布广泛。病原菌为禾德氏霉 *Drechslera graminea* (Rabenh. Ex Schlecht.) Choem.，属于半知菌亚门，丝孢纲，丝孢目，德氏霉属。有性态为禾核腔菌 Pyrenophora graminea (Rabenh.) Ito et Kurib.，是子囊菌亚门的真菌。

【危害与诊断】 病原菌侵染大麦植株地上部分，主要危害叶片和叶鞘。病株减产20%~30%，高感病品种减产50%以上。

幼苗叶片上初生淡黄色小点或短小条纹，至分蘖期发展成为黄色细长条纹，从叶片基部延伸到叶尖，与叶脉平行。有的条纹断续相连。部分幼苗心叶变灰白色而枯死。拔节以后叶片上的条纹由黄色变褐色，大多数老病斑中部黄褐色，边缘黑褐色，有的周围有黄晕。叶片可沿条纹开裂，呈褴褛状，高湿时条纹上生灰黑色霉状物（图1-95）。因大麦品种不同，条纹的形态变化很大，有些大麦品种的叶片上有多条与叶脉平行的纤细条纹（图1-96），有些品种则只有1条或少数宽带状条纹（图1-97），条纹宽度甚至占叶片宽度的1/2~3/4。病株

图1-95 大麦条纹病

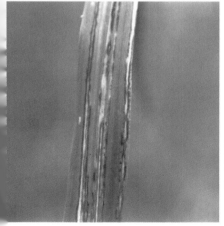

图1-96 病叶上生有多条褐色条纹（青稞病叶）

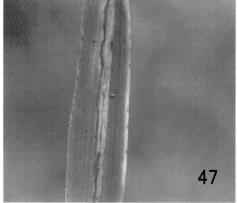

图1-97 病叶上生有一条宽条纹

可能早期枯死，存活到抽穗期的，多不能结实或籽粒不饱满。有的品种旗叶紧裹，抽不出穗或穗弯曲畸形。有芒的品种，麦芒可能被夹在鞘内而呈拐曲状。

35.大麦云纹病

病原菌是黑麦喙孢 *Rhynchosporium secalis* (Oudem.) Davis，属于半知菌亚门，丝孢纲，丝孢目，喙孢霉属。大麦云纹病是大麦的常见病害，分布广泛而严重。病原菌除侵染大麦外，还侵染黑麦、小麦和禾本科杂草。

【危害与诊断】 主要侵染叶片和叶鞘，也侵染穗。引起叶片早期枯死，穗粒数与千粒重降低，造成减产，高产田块甚至可减产45%以上。

叶片上和叶鞘上初生卵圆形白色透明的小病斑，扩大后变为梭形或长椭圆形，病斑中部青灰色至淡褐色，边缘宽而色深，呈暗褐色或黑褐色（图1-98）。多个病斑汇合后呈云纹状，病叶变黄枯死（图1-99）。在高湿条件下，病斑上形成灰黑色霉状物，为病原菌的分生孢子梗和分生孢子。

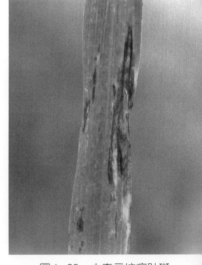

图1-98 大麦云纹病叶斑

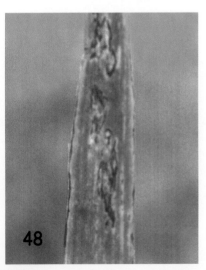

图1-99 叶斑汇合成云纹状

36. 大麦茎点霉叶斑病

病原菌是半知菌亚门茎点霉属的一种真菌 *Phoma sorghina* (Sacc.)Boerema et al.。茎点霉叶斑病在西北高寒山区较常见，通常不严重。

【危害与诊断】 该病引起叶斑和叶枯。叶片上病斑梭形，较大，中部灰白色，边缘深褐色，周围有黄晕。病斑中间易开裂。病斑上生黑色小粒点，为病原菌的分生孢子器（图1-100）。后期病斑上还可能生有腐生菌，产生黑色霉状物。未形成分生孢子器时，在田间易被误认为其他叶部病害。

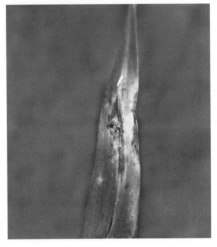

图1-100 大麦茎点霉叶斑病

37. 大麦根腐叶枯病

大麦根腐叶枯病又称为大麦根腐病，指由根腐离蠕孢 *Bipolaris sorokiniana* (Sacc. ex Sorok.) Shoem.引起的病害，表现苗枯、叶斑与叶枯、根腐与穗枯等多种症状（详见离蠕孢综合症部分）。在田间，叶斑和叶枯多见。叶斑褐色，梭形或椭圆形，大

图1-101 根腐离蠕孢侵染大麦引起的叶斑

小差异较大,病斑汇合后可造成叶枯(图1-101,图1-102)。应注意与大麦其他叶病区分。

图1-102 根腐离蠕孢侵染引起的叶枯

38.大麦坚黑穗病

大麦坚黑穗病是大麦的重要病害和主要防治对象之一。病原菌为大麦坚黑粉菌 *Ustilago hordei* (Pers.) Lagerh.,属于担子菌亚门,冬孢菌纲,黑粉菌目,黑粉菌属。不但侵染皮大麦,而且侵染裸大麦,分布于全国各大麦栽培区。

【危害与诊断】 病株麦粒变为黑粉菌菌瘿,全被破坏,病田产量损失率常达10%~30%。

病株多比健株略矮,抽穗稍迟,有时部分被叶鞘包裹,不完全抽出(图1-103)。病穗的子房被破坏,为菌瘿所取代。菌瘿坚硬,隐蔽在颖壳

图1-103 大麦坚黑穗病病穗不完全抽出

图1-104 大麦坚黑穗病

内，但也有破坏颖片的，麦芒残存，但细弱扭曲。菌瘿外面包被一层灰白色薄膜，不易破裂，破裂后露出颗粒状的黑色孢子团。冬孢子（黑粉孢子）间相互粘结，不易散开（图1-104）。

39.大麦散黑穗病

病原菌为大麦散黑粉菌 *Ustilago nuda* (Jens.) Rostr.。是大麦常见病害，分布普遍，但发病率较低。

【危害与诊断】 病株麦穗全被破坏，产量降低。病田损失率多低于1%，但历史上有高达40%的记载。

病株抽穗略早，抽穗后可见明显症状。整个病穗全部被病原菌破坏，变为菌瘿，内充满冬孢子，外面包被灰色薄膜。薄膜易破裂，破裂后冬孢子飞散，仅残留穗轴和芒（图1-105）。

图1-105 大麦散黑穗病

40.大麦黄花叶病

由大麦黄花叶病毒（*Barley yellow mosaic virus*，BYMV）引起。病毒粒体丝状，由土壤中生存的禾谷多粘菌传播。分布于上海、浙江、江苏、安徽等地。

【危害与诊断】 病株变黄，花叶，变矮，结实不良，病田一般减产20%~70%。

大麦秋苗期叶片可出现黄色斑点、条纹或黄色花叶。翌年春季麦苗返青后病情加重，叶片从尖端开始变黄，甚至变橙黄色（图

1-106)。老叶上有时出现坏死斑点。严重病株变矮,早枯。气温高于18℃时症状潜隐。

图1-106　大麦黄花叶病

41. 大麦条纹花叶病

由大麦条纹花叶病毒（*Barley stripe mosaic virus*，BSMV）侵染引起,是大麦的重要病害,在国外分布广泛,我国仅局部地区有所发生,需防止扩大蔓延。该病毒的自然寄主除大麦外,还有小麦、燕麦、玉米、高粱、谷子等作物以及禾本科杂草。

【危害与诊断】 病株成穗数、穗粒数减少,籽粒皱缩不饱满,一般减产25%。籽粒带毒,不能作种用。

病株不同程度地矮缩,叶片花叶状,上有断续的不规则褪绿斑点和条纹,严重的还出现褐色坏死条纹(图1-107)。在大麦分蘖后期至孕穗期症状最明显。有时症状潜隐,旗叶不显花叶症状。

图1-107　大麦条纹花叶病

42. 黑麦锈病

黑麦锈病主要有黑麦秆锈病和黑麦叶锈病。黑麦秆锈菌为禾柄锈菌黑麦专化型 *Puccinia graminis* Pers. f. sp. *secalis* Eriks. et

Henn., 除侵染黑麦外, 还侵染大麦、野生大麦和冰草等。黑麦叶锈病菌为隐匿柄锈菌黑麦专化型 *Puccinia recondita* f. sp. *secalis*。

【危害与诊断】 黑麦秆锈病主要危害茎秆、叶鞘, 也侵害叶片和穗。黑麦叶锈病主要危害叶片、叶鞘, 有时也危害颖壳和芒。

黑麦秆锈病症状与小麦秆锈病相似, 病部产生长椭圆形暗褐色夏孢子堆, 较大, 多先发生于叶背, 散生, 严重时多个夏孢子堆汇合成长条形。夏孢子堆的表皮不规则撕裂。后期产生黑色冬孢子堆。

黑麦叶锈病症状与小麦叶锈病相似, 夏孢子堆较小, 红褐色, 散生。夏孢子堆表皮纵裂。冬孢子堆黑色, 表皮不易破裂（图1-108）。

图1-108 黑麦叶锈病

43. 燕麦和黑麦炭疽病

黑麦和燕麦炭疽病是这两种作物的常见病害, 病原菌是禾生炭疽菌 *Colletotrichum graminicola* (Ces.) Wilson, 属于半知菌亚门, 腔孢纲, 黑盘孢目, 炭疽菌属。该菌的寄主范围很广, 除了黑麦和燕麦外, 还能侵染多种禾本科植物, 包括大麦、某些种类的小麦、玉米、高粱、苏丹草、约翰逊草、野大麦、梯牧草（猫尾草）、黑麦草、羊茅以及其他禾草。

图1-109 叶片上炭疽病病斑

【危害与诊断】 病原菌侵染麦株基部叶片、叶鞘、茎秆甚至穗，使植株衰弱，易倒伏。

燕麦植株基部叶片、叶鞘上产生褐色椭圆形病斑，扩展后变不规则形，严重时叶片变黄枯死。根颈部与茎秆基部褪绿变褐色。分蘖发育不良，甚至枯死。各部位病组织上生成多数小黑点，即病原菌的分生孢子盘。

黑麦植株也是基部首先发病，茎基部褪绿变褐，节部及其附近出现紫褐色水浸状斑块。叶片上生半圆形、椭圆形至不规则形病斑（图1-109）。以后茎秆、叶鞘、叶片等发病部位以及病残体上出现多数小黑点，即病原菌的分生孢子盘（图1-110，图1-111）。

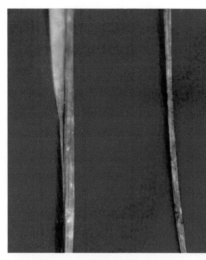

图1-110 叶鞘上症状和炭疽病菌的分生孢子盘

图1-111 病残秆上炭疽病菌的分生孢子盘

---

44. 燕麦锈病

燕麦锈病主要有燕麦冠锈病和燕麦秆锈病。燕麦冠锈病菌为禾冠柄锈菌燕麦专化型 *Puccinia coronata* Corda f.sp.*avenae* Eriks.，燕麦秆锈病菌为禾柄锈菌燕麦专化型 *Puccinia graminis*

Pers. f. sp. *avenae* Eriks. et Henn.，皆属于担子菌亚门，冬孢菌纲，锈菌目，柄锈菌属。两种锈病分布普遍，是燕麦的主要病害。燕麦冠锈病菌不侵染小麦、大麦、黑麦，但侵染梯牧草。

【危害与诊断】　燕麦冠锈病发生在叶片、叶鞘和穗上。燕麦秆锈病则主要发生在茎和叶鞘上，但叶片和穗也有发生。在适宜的气象条件下，锈病能迅速传播，暴发成灾，造成严重减产。

燕麦冠锈病初生褪绿病斑，后变为橙黄色至红褐色椭圆形疱斑，稍隆起，较小，这是病原菌的夏孢子堆（图1-112，图1-113）。夏孢子堆上的包被破裂后，散发出黄色粉末状夏孢子。燕麦生育后期，在病叶背面产生黑色的、表皮不破裂的冬孢子堆。

燕麦秆锈病的夏孢子堆生在秆、叶和叶鞘上，红褐色，较大，长椭圆形，隆起，表皮破裂明显。生育后期也生成黑色冬孢子堆。

图1-112　燕麦冠锈病菌的夏孢子盘

图1-113　燕麦冠锈病

45. 燕麦德氏霉叶斑病

病原菌是燕麦德氏霉 *Drechslera avenae* (Eidam) Shoemaker，为半知菌亚门的真菌。其有性态为燕麦核腔菌 *Pyrenophora avenae*

Eidam Ito et Kuib.，属于子囊菌亚门。燕麦德氏霉叶斑病分布于我国各燕麦产区，南方较重。

【危害与诊断】 病原菌主要危害叶片和叶鞘，引起叶斑与叶枯，严重时减产。

幼苗叶片上生椭圆形至长条形病斑，浅红褐色至褐色。成株叶片初生紫红色小病斑，后扩展成为椭圆形、梭形至不规则形条斑，红褐色至褐色，长0.7～2.5厘米（图1-114）。严重时多个病斑汇合，叶片干枯（图1-115）。高湿时，病斑上生黑褐色霉状物。病原菌还可侵染颖壳和籽粒，病部变褐色。

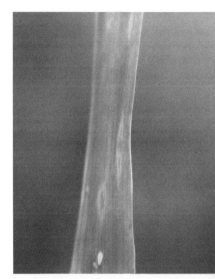

图1-114 燕麦德氏霉叶斑病病斑

图1-115 燕麦德氏霉叶斑病引起的叶枯

46.燕麦壳多孢叶枯病

病原菌是燕麦壳多孢燕麦专化型 *Stagonospora avenae* (Frank) Bissett f.sp. *avenae* Johnson。该病在阴湿冷凉的地区发生较多。

【危害与诊断】 病原菌主要危害叶片和茎秆，引起叶枯和植株倒伏，也可以侵染叶鞘和穗。一般减产15%以上。

叶片上生梭形、椭圆形病斑，褐色至暗褐色，边缘有黄晕，扩大后病斑直径可达1厘米（图1-116）。多个病斑汇合后形成形状不规则的斑块，或造成叶枯。病斑上形成多数黑色小粒点，即病原菌的分生孢子器。病斑可由叶片基部延伸到叶鞘和茎秆。茎上病斑灰褐色至黑色，能蔓延到大部茎节，茎内生有白色菌丝。穗颈、颖壳和籽粒被侵染后，也形成不规则形褐色病斑。

图1-116 燕麦壳多孢叶枯病病斑

47.燕麦坚黑穗病和散黑穗病

病原菌分别为燕麦坚黑粉菌 *Ustilago segetum* (Bull.:Pers.) Roussel. 和燕麦散黑粉菌 *Ustilago avenae* (Pers.) Rostr.，都属于担子菌亚门，冬孢菌纲，黑粉菌目，黑粉菌属。坚黑穗病是燕麦的主要病害之一，分布广泛，危害严重。散黑穗病也是燕麦常见病害，病穗率一般不超过2%，但有的品种高达25%。

【危害与诊断】 两病都破坏籽粒，造成减产。

燕麦坚黑粉菌侵染使燕麦花器被破坏，籽粒变为病原菌的菌瘿，内部充满黑褐色粉末状物，为病原菌的冬孢子。菌瘿外被污黑色膜，坚实不易破损。冬孢子粘结成块，不易分散。有些品种颖片不受害，菌瘿隐蔽在颖内，难以看见（图1-117），有的则颖壳被破坏（图1-118）。

燕麦散黑粉菌也主要侵害穗部，病株较矮小，抽穗期提前。大部分整穗发病，个别的中、下部小穗发病。病穗子房被破坏，变为病原菌的菌瘿，有的颖片也被破坏消失。菌瘿内部充满黑粉状冬孢子，外被一层灰色薄膜。后期灰色膜破裂，散出冬孢子，仅剩下穗轴。

图1-117 燕麦坚黑穗病病穗

图1-118 燕麦坚黑穗病病穗颖壳已被破坏

48. 燕麦红叶病

由大麦黄矮病毒（*Barley yellow dwarf virus*, BYDV）引起，又称为燕麦黄矮病，其危害与诊断参考麦类黄矮病部分。

二、害虫诊断

1. 禾谷缢管蚜

禾谷缢管蚜 Rhopalosiphum padi（L.），属同翅目，蚜科，又称粟缢管蚜、小米蚜、麦缢管蚜。全国各地均有分布。

【危害与诊断】 以成、若虫吸食叶片、茎秆和嫩穗的汁液，不仅影响植株正常生长，还会传播病毒病。

有翅孤雌蚜（图2-1） 体长卵形，长2.1毫米。头、胸黑色。腹部深绿色，具黑色斑纹，腹管黑色。第七、八腹节背中有横带。触角第三节具圆形次生感觉圈19~28个，第四节2~7个。前翅中脉三分叉。

无翅孤雌蚜（图2-2，图2-3） 体长1.9毫米，宽卵形，橄榄绿至黑绿色，嵌有黄绿色纹，被有薄粉。触角6节，黑

图2-1 禾谷缢管蚜有翅成蚜

图2-2 禾谷缢管蚜无翅成蚜

图2-3 禾谷缢管蚜为害麦穗状

色，全长超过体长的1/2；中胸腹岔无柄。中额瘤隆起。喙粗壮，较中足基节长，长是宽的2倍。腹管黑色，长圆筒形，基部四周具铁锈色纹。尾片长圆锥形，具毛4根。

2. 麦二叉蚜

麦二叉蚜 Schizaphis graminum (Rondani)属同翅目，蚜科。在全国各地均有分布。

【危害与诊断】 麦二叉蚜常在麦类叶片正、反两面或基部叶鞘内外吸食汁液，致使麦苗黄枯或伏地不能拔节，严重的病株不能正常抽穗，直接影响产量，此外还可传带小麦黄矮病毒。

有翅孤雌蚜（图2-4） 体长1.8毫米，长卵形。淡绿色，背中线深绿色。头、胸黑色，腹部浅绿色。触角黑色，共6节，全长超过体长的1/2。触角第三节具4~10个小圆形次生感觉圈，排成一列。前翅中脉二分叉。

无翅孤雌蚜（图2-5，图2-6） 体长2.0毫米，卵圆形，淡绿色，背中线深绿色。腹管浅绿色，顶端黑色。中胸腹岔具短柄。额瘤较中额瘤高。触角6节，全长超过体长的1/2。喙超过中足基节，端节粗短，长为基宽的1.6倍。腹管淡黄绿色，长圆筒形。尾片长圆锥形，长为基宽的1.5倍，有长毛5~6根。

有翅胎生雌蚜 体长1.8~2.3毫米。头、胸部灰黑色，腹部绿

图2-4 麦二叉蚜有翅成蚜

图2-5 麦二叉蚜无翅成蚜

色，腹背中央有深绿色纵纹。触角共6节，较体略短，为体长的3/4。触角第三节有感觉圈5~9个，在外缘排成一列。前翅中脉二分叉。腹管圆筒形，中等长，除末端色暗外，其余为绿色。

无翅胎生雌蚜 体长1.4~2.0毫米，淡黄绿至绿色，背中线深绿色。触角共6节，为体长的2/3。

图2-6 麦二叉蚜为害状

3. 麦长管蚜

麦长管蚜 *Macrosiphum avenae* (Fabricius)属同翅目，蚜科。分布在全国各产麦区。

【危害与诊断】 麦长管蚜前期集中在叶正面或背面，后期集中在穗上，刺吸汁液，致受害株生长缓慢，分蘖减少，千粒重下降；并传播病毒。麦长管蚜是麦类作物的重要害虫，也是麦蚜中的优势种。

有翅孤雌蚜（图2-7） 体长3.0毫米，椭圆形，绿色。触角黑色，第三节有8~12个感觉圈，排成一行。喙不达中足基节。腹管长圆筒形，黑色，端部具15~16行横行网纹。尾片长圆锥形，有8~9根毛。前翅中脉三分叉。

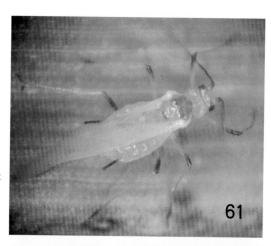

图2-7 麦长管蚜有翅成蚜

无翅孤雌蚜（图2-8，图2-9） 体长3.1毫米，宽1.4毫米，长卵形，草绿色至橙红色，头部略显灰色。中额微隆,额瘤明显外倾。触角细长，黑色，第一至三节有时骨化灰黑色，第一至四节光滑，第五至六节显瓦纹,第三节基部有圆形次生感觉圈1～4个。体表光滑，腹部第六至八节及腹面具明显横网纹,腹管黑色，长圆筒形，端部1/4～1/3有网纹13～14行。尾片长圆锥形，近基部1/3处收缩，有圆突构成横纹，有曲毛6～8根。尾板末端圆形，有长、短毛6～10根。足淡绿色,腿节端部、胫节端部及跗节黑色。

图2-8 麦长管蚜无翅成蚜

图2-9 麦长管蚜为害状

4. 灰飞虱

灰飞虱 *Laodelphax striatellus* (Fallén) 属同翅目，飞虱科。分布全国各地，但以长江流域及华北稻区发生较多。寄主较广泛，除水稻外，还有麦类以及看麦娘、游草、稗等禾本科杂草。

【危害与诊断】 以成、若虫刺吸植物体汁液为害，并可传播小麦丛矮病。麦苗受害以后，叶片出现黄绿色相间的条纹，植株矮化，分蘖明显增多，形成矮丛状。在田间发生比其他种飞虱早。

成虫（图2-10） 有长、短两种翅型。长翅型体长3.5~4.0毫米。前翅半透明，淡灰色，有翅斑。雌虫体黄褐色，雄虫黑褐色。雌虫小盾片中央淡黄色或黄褐色，两侧各有1个半月形深黄色斑纹；腹部肥大。雄虫小盾片全为黑色，腹部较细瘦。

短翅型成虫体长2.4~2.6毫米，翅仅达腹部的2/3，其余体征与长翅型相同。

卵 长0.7~1.0毫米，长卵圆形，弯曲。初产时乳白色，后渐变灰黄色，孵化前在较细一端出现1对紫红色眼点。卵粒成簇或成双行排列，卵帽稍露出产卵痕，像鱼卵。

若虫 共5龄。3~5龄若虫体灰黄至黄褐色，腹部背面有灰色云斑。第三、四腹节各有1对"八"字型浅色斑纹。

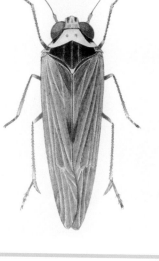

图2-10 灰飞虱成虫

5. 条沙叶蝉

条沙叶蝉 *Psammotettix striatus* (L.)属同翅目，叶蝉科，又称条斑叶蝉。是广泛分布于欧洲、非洲北部、北美及亚洲中部大部分地区的古北区种类害虫。在我国尤以西北、华北地区发生较重，是甘肃、山西省麦田叶蝉的优势种。

【**危害与诊断**】 该害虫除直接吸取植物汁液，分泌大量毒素导致叶斑或整叶枯黄外，更严重的是它能传播小麦蓝矮病等多种禾谷类作物病毒病害和类植原体病害。

成虫（图2-11） 体长4.0~4.3毫米，灰黄色。头部呈钝角突出，头冠近前缘有1对三角形淡褐色斑纹，斑纹后连接深褐色中线,中线两侧的中部各有一大形不规则褐色斑块,后缘处各有1对暗褐色豆点形斑纹,为该种主要形态特征。复眼深褐色,单眼赤褐色。前胸背板暗褐色,前缘色淡,其间散布不规则褐色小点,纵贯前胸背板有5条淡黄色条纹,又间隔成4条褐色宽带。小盾板淡黄色,两侧角深褐色,中部横刻深褐色,上面有2个不太明显的黑褐色小圆点。前翅灰黄色,半透明,翅脉黄白色,脉纹侧缘具有浓淡不等的褐色小点,形成不规则的多数褐色条纹。胸腹部全为黑色。

卵 长圆筒形,中间稍弯曲,前端略细。卵初产为乳白色,孵化前变褐黄色,可看到赤褐色的复眼点。

若虫 初孵化或刚蜕皮后,体色乳白,渐变为淡黄至灰褐色。共5龄。1～2龄头部比例显得特大,腹部细小;3龄后翅芽开始显见,无明显异样特征,只是体形大小不同而已。

图2-11 条沙叶蝉成虫

6. 大青叶蝉

大青叶蝉 Tettigella viridis (L.) 属同翅目,叶蝉科,又称大绿浮尘子。广泛分布于陕西、青海、内蒙古、新疆、山西、河北、辽宁、吉林、黑龙江、安徽、江苏、浙江、福建、河南、台湾、湖南、湖北、四川等地。

【危害与诊断】 食性很杂,以刺吸式口器由植物叶表面和叶背面、叶脉、茎秆等部位刺破表皮,吸食植物汁液,由此影响植物的正常生长。

成虫(图2-12) 雌虫体长9.4～10.1毫米,雄虫体长7.2～8.3毫米。头部颜面淡褐色,两颊微青,在颊区近唇基缝处左右各有1个小黑斑。触角窝上方、两单眼间有1对黑斑。复眼绿色。前胸背板淡黄绿色,后半部深青绿色。前翅绿色,具青蓝色光泽,翅脉青黄色;后翅烟灰色,半透明。腹部背面蓝黑色,两侧及末节色淡。胸、腹部腹面及足橙黄色,跗爪及后足胫节内侧有细条纹,刺列的每一刺基部黑色。

卵 淡黄色,长卵圆形,长1.6毫米,中间微弯,一端稍细,表面光滑。

若虫 共5龄。初孵化时乳白色,头大腹小,复眼红色,取食2~6小时后体变灰黑色。2龄若虫头冠部有2个黑斑;3龄后体色变草绿,出现翅芽,胸背及两侧有4条暗褐色纵纹直达腹部末端;4龄出现生殖片,头冠前部两侧各有1组淡褐色弯曲的横纹,较明显。足乳黄色。

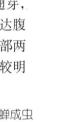

图2-12 大青叶蝉成虫

7.黑尾叶蝉

黑尾叶蝉 *Nephotettix cincticeps* (Uhler) 属同翅目,叶蝉科。在陕西、安徽、浙江、江苏、江西、福建、湖南、湖北、四川、贵州等地均有发生。

【危害与诊断】 多食性,除危害麦类外,还危害水稻、谷子、甘蔗、茭白等作物及看麦娘、游草、马唐、狗尾草、甜草、李氏禾、稗、双穗雀稗等禾本科杂草。北方主食小麦。

成虫(图2-13) 雄虫体长约4.5毫米,雌虫体长约5.5毫米。体黄绿色,头顶前缘弧形,有1条黑色横带,横带后方的正中线黑色。复眼黑色,单眼黄色。前胸背板前半部黄绿色,后半部呈绿色;小盾片黄绿色。前翅嫩绿色,前缘黄色,翅端1/3处为黑色(雄虫)或淡褐色(雌虫)。雌虫胸腹部腹面为淡黄色,腹部背面为灰黑色;而雄虫均为黑色。

卵　长1~1.2毫米，长椭圆形，中间微弯。初产时乳白色，半透明，后转为淡黄至灰黄色。接近孵化时，眼点变为红褐色。

若虫　形态与成虫相似，共5龄。初龄若虫体黄白色，微带绿色；复眼赤褐色；头部前缘及体两侧褐色。3龄若虫体淡黄绿色；复眼黑褐色；头部前缘黑褐色，后缘有倒"八"字形皱纹；各胸节及腹部第二至八节背面有2对褐色小点。4龄若虫头部前缘褐色，除同3龄若虫体背所具点、纹外，翅芽明显。5龄若虫体色灰白至黑褐色，中、后胸各有一倒"八"字形纹。

图2-13　黑尾叶蝉成虫

8.白边大叶蝉

白边大叶蝉 *Ishidaella albomarginata* (Signoret) 属同翅目，叶蝉科。在陕西南部、北京、江苏、浙江、福建、台湾、广东、四川、东北以及朝鲜半岛、日本、西伯利亚、马来西亚、澳大利亚等地广为分布。

【危害与诊断】　为多食性害虫，危害小麦、水稻、棉花、柑橘等多种作物和树木。成、若虫皆好寄生于新梢及嫩叶上，善于跳跃及飞翔，静止时常由肛门排出白色蜜露。

成虫（图2-14）　体连翅长6.5毫米左右。头部深黄色，头冠区有4个大型黑斑。复眼黑色。颜面没有斑纹。前胸背板前半部深黄色，后半部黑色，黑色部分中间向前突出呈"凸"字形。小盾板深黄色，在基部有2块黑斑分列于两侧。前翅黑色，翅缘黄色而带有青色。腹部背面黑色，侧缘淡黄色。足淡黄色，但向端部青色成分渐次加深，爪黑色。

卵　白色，长椭圆形，微曲。孵化前变为淡黄色，赤色复眼明显。

若虫 初孵淡黄色。头部半圆形，复眼赤色，触角白色，喙黄褐色。前、中胸背板窄小，后胸背板特大。足灰白色，后胸胫节生有细小短毛。末龄若虫黄绿色，头冠钝三角形，复眼黄白色，触角基节略带褐色。喙淡褐色，颜面黄白色，胸部淡黄色，前胸背板肾形，中胸背板宽，翅芽黄白色，达第二腹节。足淡黄绿色。腹部第二至五节背面各有1对小黑点，第五至七节侧面各有1个小黑点。

图2-14 白边大叶蝉成虫

9. 棕色鳃金龟

棕色鳃金龟 *Holotrichia titanis* (Reitter) 属鞘翅目，鳃金龟科。分布于陕西、山西、河北、辽宁等地。

【危害与诊断】 幼虫危害期长，从4月上旬上升到土地耕层至10月下旬下潜越冬前，均在耕层活动，且食量大。一头幼虫可危害20～30个小麦分蘖，造成缺苗断垄。

成虫（图2-15） 中大型，体长20毫米左右，宽10毫米左右，棕褐色具光泽。触角10节，赤褐色。前胸背板横宽，与鞘翅基部等宽，两前角为钝角，两后角近直角；小盾片光滑，三角形。鞘翅较长，为前胸背板宽的2倍，各具4条纵肋，第一、二条明显，第一条末端尖细，会合缝肋明显。足棕褐色，有强光泽。

卵 初产时乳白色，椭圆形，长3.0～3.6毫米，宽2.1～2.4毫米。此后会慢慢膨大，半透明；即将孵化时卵

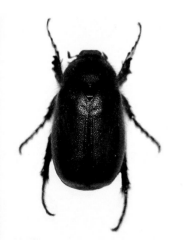

图2-15 棕色鳃金龟成虫

壳变得薄而软，可见到幼虫在内蠕动，卵大小为6毫米×5毫米。

幼虫　体长45~55毫米，乳白色。头部前顶刚毛每侧1~2根，绝大多数为1根。

蛹　黄色，长21~24毫米。羽化前头壳、足、鞘翅变为棕色，并逐渐加深。蛹室卵圆形，长35毫米，宽20毫米。

10. 黑皱鳃金龟

黑皱鳃金龟 *Trematodes tenebrioides* Pallas 属鞘翅目，鳃金龟科，分布于陕西、内蒙古、山西、河北、山东及辽东半岛等地。

【危害与诊断】　成虫取食小麦、玉米、高粱、棉花、苜蓿、薯类等多种作物的叶片、嫩芽、嫩茎。危害玉米、棉花时，可将茎基部咬断，造成缺苗。幼虫危害作物的地下部分，能将整株麦苗拉入土中，叶片在地表成一簇。1头3龄幼虫1次可连续危害5~8株麦苗，多者可达10株。苜蓿茬幼虫数量最多，其次为马铃薯、玉米、小麦、高粱。

成虫（图2-16）　体中型，长15~16毫米，宽6.0~7.5毫米，黑色，无光泽。头部黑色，触角10节，黑褐色。前胸背板横宽，前缘较直，前胸背板中央具中纵线。小盾片横三角形，顶端变钝，中央具明显的光滑纵隆线，两侧基部有少数刻点。鞘翅卵圆形，具大而密、排列不规则的圆刻点，基部明显窄于前胸背板；除会合缝处具纵肋外无明显纵肋。后翅退化至仅留痕，略呈三角形。

卵　白色透明，略带黄绿或淡绿光泽，卵圆形或圆柱形，大小为2.2~3.0毫米×1.4~2.0毫米。

幼虫　体长24~32毫米。头部前顶刚毛多为每3根成一纵列，也有4根的。

蛹　初化时乳白发亮，次日变为淡黄色，以后颜色逐渐加深成黄褐色，羽化前变为红褐色。

图2-16　黑皱鳃金龟成虫

11. 铜绿丽金龟

铜绿丽金龟 *Anomala corpulenta* Motschulsky 属鞘翅目，丽金龟科。又称青金龟甲。

【危害与诊断】 幼虫孵出后在土中危害作物种子和幼苗，一直持续到秋播小麦时。

成虫（图2-17） 体长16～22毫米，宽8.3～12毫米，体表呈铜绿色，有闪光，腹面多呈乳黄色或黄褐色。触角9节，棒状部由3节组成。鞘翅密布小刻点，背面各具4条纵肋，边缘有膜质饰边。

卵 椭圆形，长1.8毫米，白色，表面光滑。

幼虫 体长30～33毫米，头黄褐色，腹部乳白色，腹面有刺毛2列，每列由13～14根长锥刺组成。

蛹 离蛹，体长18～22毫米，长椭圆形，稍弯曲，初黄白色，后变黄褐色。

图2-17 铜绿丽金龟成虫

12. 东北大黑鳃金龟

东北大黑鳃金龟 *Holotrichia diomphalia* Bates 幼虫通称为蛴螬或白地蚕、白土蚕。

【危害与诊断】 幼虫食害各种蔬菜苗根，成虫仅食害树叶及部分作物叶片。幼虫的危害可使蔬菜幼苗致死，造成缺苗断垄。

成虫（图2-18） 体长16～21毫米，宽8～11毫米，较短阔扁圆，黑褐色或栗褐色，有光泽，体型大小中等，触角10节，棒状部由3节组成。鞘翅每侧有4条明显的纵肋。第五腹板中部后方有深谷形凹坑。3对足的爪为双爪。雄虫外生殖器阳基侧突，下部分叉，成上下两突，均呈尖齿状。

卵 椭圆形，后变球形，白色，有光泽。

幼虫（图2-19） 体中型稍大，长35～45毫米；头部前顶刚毛每侧3根成一纵列。

蛹 裸蛹，长21～24毫米，初期白色，后变红褐色。

图2-18 东北大黑鳃金龟成虫

图2-19 东北大黑鳃金龟幼虫

13. 暗黑鳃金龟

暗黑鳃金龟 *Holotrichia parallela* Motschulsky 属鞘翅目，鳃金龟科。

【危害与诊断】 幼虫孵出后在土中危害作物种子和幼苗，一直持续到秋播小麦时。

成虫（图2-20） 体长16～22毫米，宽7.8～11毫米，长卵形，无光泽，被黑色绒毛。腹部背板青蓝色，丝绒状。触角棒状部很短小，由3节组成。

卵 乳白色，有绿色光泽，长2.5毫米。

幼虫 体长35～45毫米。胸腹部乳白色。臀节腹面有钩状刚毛，呈三角形分布。

蛹 体长20~25毫米，宽10~12毫米。腹部具2对发音器，位于腹部第四、五节和第五、六节背面中央节间处。尾节三角形，二尾角呈锐角岔开。雄性外生殖器明显隆起，雌性可见生殖孔及两侧的骨片。

图2-20 暗黑鳃金龟成虫

14.沟金针虫

沟金针虫 *Pleonomus canaliculatus* Faldermann 属鞘翅目，叩头甲科。分布在我国北方地区。

【危害与诊断】 幼虫在土中取食播下的种子、萌出的幼芽和作物的根部，致使作物枯萎死亡，造成缺苗断垄，甚至全田毁种。

成虫 体栗褐色，密被褐色细毛。雌成虫（图2-21）体长16~17毫米，宽4~5毫米；雄成虫（图2-22）体长14~18毫米，宽约3.5毫米。雌虫触角11节，黑色，锯齿形，长约为前胸的2倍；鞘翅长约为前胸的4倍，其上纵沟明显，后翅退化。雄虫触角12节，丝状，长达鞘翅末端；鞘翅长约为前胸的5倍，其上纵沟较明显，有后翅。

卵 椭圆形，长约0.7毫米，宽约0.6毫米，乳白色。

幼虫（图2-23，图2-24） 老熟幼虫体长20~30毫米，宽约4毫米，体形宽而扁平，呈金黄色。体节宽大于长，从头至第九腹节渐宽；由胸背至第十腹节

图2-21 沟金针虫雌成虫

背面中央有1条细纵沟。尾节背面有略近圆形的凹陷,并密布较粗点刻;两侧缘隆起,具3对锯齿状突起。尾端分叉,并稍向上弯曲,各叉内侧均有一小齿。

蛹 体长15~17毫米,宽3.5~4.5毫米,呈纺锤形。末端瘦削,有刺状突起。

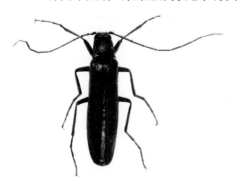

图 2-22 沟金针虫雄成虫

图 2-23 沟金针虫幼虫

图 2-24 沟金针虫危害状

15.细胸金针虫

细胸金针虫 *Agriotes fuscicollis* Miwa,又名细胸叩头虫,属鞘翅目,叩头甲科。危害玉米、高粱、小麦、马铃薯、甘薯、甜菜等。

【危害与诊断】 幼虫在土中取食播下的种子、萌出的幼芽和作物根部,致使作物枯萎死亡,造成缺苗断垄,甚至全田毁种。

成虫(图2-25) 体长8~9毫米,宽约2.5毫米,细长,背面扁平,被黄色细绒毛。头、胸部棕黑色。鞘翅、触角、足棕红色,有光泽。唇基不分裂。触角着生于复眼前端,被额分开。触角细短，向后不达前胸后缘；第一节最粗长，第二节球形，自第四节起呈锯齿状，末节圆锥形。前胸背板长稍大于宽，基部与鞘翅等宽，侧边很窄，中部之前明显向下弯曲，直抵复眼下缘；后角尖锐，伸向斜后方，顶端微向上翘；表面拱凸，刻点深密。小盾片略似心脏形，覆毛极密。鞘翅狭长，至端部稍缢尖。每翅具9行纵行深刻点沟。各足跗节第一至四之长渐短，爪单齿式。

卵　长0.5~1.0毫米，圆形，乳白色，有光泽。

幼虫（图2-26）　老熟幼虫体长约23毫米，宽约1.3毫米，呈细长圆筒形，淡黄色，有光泽。口部深褐色。腹部第一至八节略等长。尾节圆锥形，尖端为红褐色小突起，背面近前缘两侧生有1个褐色圆斑，并有4条褐色纵纹。

蛹　体长8~9毫米，纺锤形。初蛹乳白色，后变黄色，羽化前复眼黑色，口器淡褐色，翅芽灰黑色，尾节末端有1对短锥状刺，向后呈钝角岔开。

图2-25　细胸金针虫成虫

图2-26　细胸金针虫幼虫

16.褐纹金针虫

褐纹金针虫 *Melanotus caudex* Lewis 属鞘翅目，叩头甲科。主要分布在华北、东北、西北等地。

【危害与诊断】　成虫在地上取食嫩叶；幼虫危害幼芽和种子或咬断刚出土幼苗，有的钻蛀茎或种子，蛀成孔洞，致受害株干枯死亡。

成虫（图2-27） 体长8～10毫米，宽约2.7毫米，黑褐色，生有灰色短毛。头部呈"凸"字形，黑色，密布粗刻点。前胸黑色，但刻点较头部小。唇基分裂。触角、足暗褐色，触角第四节较第二、三节稍长，第四至十节锯齿状。前胸背板长明显大于宽，后角尖，向后突出。鞘翅狭长，自中部开始向端部逐渐缢尖，每侧具9行列点刻。各足第一至四跗节之长渐短，爪梳状。

卵 长约0.6毫米，宽约0.4毫米，椭圆形。初产时乳白色略带黄色。

幼虫 老熟幼虫体长25～30毫米，宽约1.7毫米，细长圆筒形，茶褐色，有光泽。头扁平，梯形，上具纵沟，布小刻点。身体背面中央具细纵沟。自中胸至腹部第八节扁平而长，尖端具3个小突起，中间的较尖锐。尾节前缘有2个新月形斑，斑后有4条纵线；后半部有皱纹，并密生粗大而深的刻点。

蛹 体长9～12毫米。初蛹乳白色，后变黄色，羽化前棕黄色。前胸背板前缘两侧各斜竖1根尖刻。尾节末端具1根粗大臀棘，着生有斜伸的2对小刺。

图2-27 褐纹金针虫成虫

17.华北蝼蛄

华北蝼蛄 *Gryllotalpa unispina* Saussure 属直翅目，蝼蛄科。又称大蝼蛄、单刺蝼蛄。在长江以北地区发生，以盐碱地、砂壤地中数量较多。

【危害与诊断】 蝼蛄以成、若虫咬食刚播下的种子及幼苗嫩茎，把茎秆咬断或扒成乱麻状，使幼苗萎蔫而死。同时，蝼蛄在近地表处活动时,造成纵横隧道,使幼苗与土壤分离而死亡。

成虫(图2-28) 体长39~45毫米,黄褐色,全身密生黄褐色细毛。前胸背板呈盾形,中央具1个凹陷而不明显的暗红色心脏形斑。前翅黄褐色,长14~16毫米,覆盖腹部不到1/3。前足特别发达,为开掘式,适于挖土行进。前足腿节下缘呈"S"形弯曲,后足胫节背面内侧具棘1个或无。腹部末端近圆筒形,具2根长尾须。

卵 椭圆形。初产长1.6~1.8毫米,宽0.9~1.3毫米;孵化前长2.0~2.8毫米,宽1.5~1.7毫米。初产黄白色,后变深褐色,孵化前呈暗灰色。

若虫 共13龄。初孵若虫乳白色,复眼淡红色,体色后变黄褐色。5~6龄以后体色似成虫,翅不发达,仅有翅芽。

图2-28 华北蝼蛄成虫

18. 东方蝼蛄

东方蝼蛄 *Gryllotalpa orientalis* Pallisot de Beauvois 属直翅目,蝼蛄科。别名非洲蝼蛄、小蝼蛄、拉拉蛄、地拉蛄、土狗子、地狗子、水狗。是一种世界性害虫,在亚洲、非洲、欧洲普遍发生。在我国各地均有分布,对南方危害比北方重。

【危害与诊断】 危害状与华北蝼蛄相同。

成虫(图2-29) 体长30~35毫米,灰褐色,腹部色较浅,全身密布细毛。头圆锥形,触角丝状。前胸背板卵圆形,中间具一明显的暗红色长心脏形凹陷斑。前翅灰褐色,长约12毫米,能覆盖腹部1/2。后翅扇形,较长,超过腹部末端。前足为开掘式,腿节下缘平直,后足胫节背面内侧具棘3~4个。腹部末端近纺锤形,具2根长尾须。

卵　椭圆形。初产长1.6~2.9毫米，宽1.0~1.6，孵化前长3.0~4.0毫米，宽1.8~2.0毫米。初产为乳白色，后变黄褐色，孵化前呈暗紫色。

若虫　大多共8~9龄，少数6龄或10龄。初孵若虫乳白色，复眼淡红色，后体色变灰褐色。初龄若虫体长约4毫米，末龄若虫体长24~28毫米。2~3龄以后若虫体色与成虫相近。

图2-29　东方蝼蛄成虫

19.黄地老虎

黄地老虎 Euxoa segetum Schiffermüller）属鳞翅目，夜蛾科，是一种地下害虫。在我国主要发生在长江流域以北地区。幼虫主要危害玉米、高粱、棉花和蔬菜等作物的幼苗。

【危害与诊断】　1~2龄幼虫在心叶危害。3龄后躲在植株根部，夜间危害。将幼苗近地表的茎基部咬断，苗大时被咬成空洞，形成枯心。以老熟幼虫入土化蛹。

成虫（图2-30）　体长14~19毫米，翅展31~43毫米。体淡灰褐色。雌蛾触角丝状。前翅黄褐色，翅面散布小黑点，各横线均围以黑边，中央暗褐色。后翅白色，前缘略带黄褐色。

卵　半球形，直径约0.5毫米，表面具纵棱与横道。

幼虫　老熟幼虫体长33~43毫米。头

图2-30　黄地老虎成虫

黄褐色，颅侧区有略呈长条形暗斑。体淡黄褐色，多皱纹。臀板具2块黄褐色大斑，中央纵断，小黑点较多。

蛹 体长15~20毫米。腹部第四节背面中央侧面均有细密小刻点9~10排，第五至七节腹面亦有刻点数排。腹末端稍延长，着生1对中间分开的粗刺。

20. 小地老虎

小地老虎 Agrotis ypsilon (Rottemberg) 属鳞翅目，夜蛾科，俗称切根虫、大口虫、地蚕。是一种迁飞性、暴食性害虫，亦是世界性害虫。国内各地皆有不同程度发生。长江流域和东南沿海地区雨水充沛，气候湿润，发生最重。

【危害与诊断】 是作物苗期的大害虫。它能危害各种蔬菜及玉米、小麦、高粱、棉花、烟草、芝麻、木薯、豆类、瓜类、麻类、绿肥等作物的幼苗，食性很杂，以幼虫咬断幼苗为害，造成缺苗断垄，严重的被迫毁种。

成虫（图2-31） 体长16~23毫米，翅展42~54毫米。雌蛾触角丝状；雄蛾触角基半部双栉齿状，端半部丝状。前翅暗褐色，亚基线、内横线、外横线及亚缘线明显，均为黑色双线夹一淡白线形成的波状线。翅面从内向外有环状纹、肾状纹和楔状纹各1个。环状纹在中室中部，黑褐色，肾状纹在中室端部，黑色。在肾状纹外侧有1个尖端向外的黑色楔状纹，在亚端线内侧有2个尖端向内的黑色楔状纹，三纹尖端相对，是小地老虎成虫最显著的特征。内横线与外横线波状。后翅灰白色。静止时，前翅平披背上。

卵 馒头形，直径0.5~0.6毫米，表面有纵横格纹；初产时乳白色，后渐变为黄色，孵化前顶部呈现黑点。

幼虫（图2-32） 老熟幼虫体长37~50毫米，头部黄褐色至暗褐色，

图2-31 小地老虎成虫

体深灰色,背面有暗色纵带。体表粗糙,密布黑色圆形小突,腹部各节有4根毛片,前两个小,后两个大,梯形排列。臀板黄褐色,有1对平排黑点。

蛹 体长18~24毫米,红褐色或暗褐色。第一至三腹节无明显横沟,第四腹节背侧有3~4排刻点,第五至七腹节背面刻点较侧面的大,腹末黑色,有刺2根。

图2-32 小地老虎幼虫

21.八字地老虎

八字地老虎 Amathes c-nigrum (L.) 属鳞翅目,夜蛾科。幼虫为多食性,危害棉花、麦类、甜菜、豆类、马铃薯、甘蓝、烟草、葡萄等多种作物,常与黄地老虎、甘蓝夜蛾等混合发生,对甜菜、甘蓝、豆类等经济作物危害尤重。

【危害与诊断】 低龄幼虫在地面上危害,高龄幼虫潜入土中。幼虫春秋两季危害。

成虫(图2-33) 体长11~13毫米,翅展29~36毫米。头、胸灰褐色,足黑色并有白环。前翅灰褐色带紫色;基线双线黑色,外缘翅褶处黑褐色;内横线双线黑色,微波形;环纹具淡褐色黑边;肾纹褐色;外缘黑色;前方有两黑点;中室黑色,但从前缘起有一淡褐色三角形,顶角直达中室后缘中部;外横线双线锯齿状,亚缘线灰色,前缘有一黑斑。后翅淡黄色,外缘淡灰褐色。

卵 高约0.5毫米,宽约0.1毫米,半球形,表面具纵棱与横道。

幼虫 老熟幼虫体长33~37毫米;头亮黄褐色,有1对黑色弧形纹,近"八"字形。颅侧区具暗褐色不规则网纹。身体黄色至褐色,背侧面布满褐色不规则花纹,体表较光滑,无颗粒。

背线灰色,亚背线由不连续的黑褐色斑组成,从背面看,呈倒"八"字形,愈往后端愈明显。从侧面看,亚背线上的斑纹和气门上线的黑斑纹则组成正"八"字形。臀板中央部分及两角边缘的颜色常较深。

蛹 体长约16毫米,黄褐色。触角末端稍前方。腹部第四至七节背、腹前缘具5~7排圆形和半圆形凹纹,中间密些,两侧稀少。腹端生1对红色粗曲刺。背面及两侧生2个淡黄色细钩刺。

图2-33 八字地老虎成虫

22.东亚飞蝗

东亚飞蝗 *Locusta migratoria manilensis* (Meyen) 属直翅目,斑翅蝗科。在我国分布很广,北起河北、山西、陕西,南至福建、广东、海南、广西、云南,东达沿海各省,西至四川、甘肃南部。黄淮海地区常发生。主要危害小麦、玉米、高粱、粟(谷子)、水稻、稷等多种禾本科植物。也可危害棉花、大豆、蔬菜等。

【危害与诊断】 成、若虫咬食植物的叶片和茎,大发生时成群迁飞,把成片的农作物吃成光秆。

成虫(图2-34) 雌虫体长39.5~51.2毫米,雄虫体长33.5~41.5毫米。体黄褐色或绿色。触角丝状,多呈浅黄色,有复眼1对,单眼3个。复眼后具淡色条纹,前下方生暗色斑纹。前胸背板马鞍状,隆线发达。前翅发达,常超过后足胫节中部,具暗色斑纹和光泽。后翅无色透明。后足腿节内侧基半部黑色,近端部有黑色环,后足胫节红色。

卵 卵粒长约6.5毫米,浅黄色,圆柱形,一端略尖,另端稍圆微弯曲。卵块由4行卵粒组成，呈褐色圆柱形，长53~67毫米，略弯，上部稍细，卵块上覆有海绵状胶质物。

若虫 又称蝗蝻，体形与成虫相似，共5龄。

图2-34 东亚飞蝗成虫

23. 笨 蝗

笨蝗 *Haplotropis brunneriana* Saussure 属直翅目，癞蝗科。分布于内蒙古、河北、北京、山西、陕西、山东、河南、江苏、安徽等地。

【危害与诊断】 食性杂，除危害小麦外，对玉米、豆类、甘薯、瓜类以及苜蓿等作物和牧草均能造成一定的危害。

雄成虫体长28~37毫米，雌成虫体长34.5~49毫米；雄虫前翅长6~7.5毫米，雌虫前翅长5.5~8毫米。体通常黄褐、褐或暗褐色。颜面略向后倾斜或明显隆起，具有纵沟。头顶较短，三角形，背面低凹，头侧窝近三角形。触角丝状。前胸背板的前、后缘均呈角状突出。前胸腹板前缘略隆起。前翅不发达，鳞片状，后翅很小，略短于前翅。腹部第一节具发达的鼓膜器，鼓膜孔近圆形；第二节背板的侧面具有摩擦板（图2-35）。雄性下生殖板锥形，顶端尖。雌性产卵瓣狭锐。

图2-35 笨蝗成虫

24. 短额负蝗

短额负蝗 *Atractomorpha sinensis* I.Bolivar 属直翅目,蝗科。在我国的甘肃、青海、河北、山西、陕西、山东、江苏、安徽、浙江、湖北、湖南、福建、广东、广西、四川、贵州、云南等地均有分布。

【危害与诊断】 食性杂,危害小麦、水稻、甘蔗、樟树、桑树、柑橘、柳、茶、竹子、豆类、棉花、甘薯、烟草、蔬菜、麻类、向日葵、芝麻、玉米等多种作物。

雄虫体长19~23毫米,雌虫28~35毫米。体草绿色、绿色或黄绿色。自复眼的后下方沿前胸背板侧片的底缘,有略呈淡红色的纵条纹和淡色的颗粒。后足股节内、外侧和胫节绿色或草绿色。体形较匀称。头锥形,顶端较尖。颜面颇向后倾斜,与头顶组成锐角;颜面隆起较狭,具明显的纵沟。头顶颇向前突出,自复眼的前缘到头顶顶端的距离,约等于复眼垂直直径的1.3倍。触角粗短,剑状,着生在单眼之前,距离单眼较远。复眼卵形,从复眼的后端沿前胸背板侧片的底缘直到中足基部具1列颗粒。前胸背板宽平,中隆线较低、较细,侧隆线不明显,3条横沟明显,后横沟位于中部之后,沟前区长约为沟后区长的1.1~1.3倍;前缘较直或微凹,后缘沿中隆线处无小的三角形凹口;前胸背板侧片的后缘具膜区,后缘凹陷,后下角为锐角。雄性尾须圆锥形,顶端圆形。雌性产卵瓣窄长,上产卵瓣的上外缘具细齿(图2-36)。

图2-36 短额负蝗成虫

25. 北京油葫芦

北京油葫芦(*Teleogryllus emma* Ohmachi and Matsmura)属直翅目,蟋蟀科。在我国从南到北广泛分布,尤以华北地区多有发生。是农田蟋蟀的主要种类。近年来,在我国北方地区的危害呈上升趋势。

【危害与诊断】 食性广泛,能危害各种作物的叶、茎、枝、种子、果实及根,发生密度大时,能毁坏庄稼。

成虫(图2-37) 雄虫体长22~24毫米,雌虫23~25毫米。体黑褐色,大型,头顶黑色,复眼四周、面部橙黄色,从头背观,两复眼内方的橙黄纹呈"八"字形。前胸背板黑褐色,隐约可见1对羊角形深褐色斑纹,侧片背半部深色,前下角橙黄色;中胸腹板后缘中央具小切口。雄虫前翅黑褐色,具油光,长达尾端,发音镜近长方形,前缘脉近直线略弯,镜内一弧形横脉把镜室一分为二,端网区有数条纵脉与小横脉相间成小室。4条斜脉,前2条短小,亚前缘脉具6条分枝。后翅发达如长尾盖满腹端。后足胫节背方具5~6对长刺,6个端距,跗节3节,基节长于端节和中节;基节末端有长距1对,内距长。雌虫前翅长达腹端,后翅发达伸出腹端如长尾。产卵管长于后足股节。卵长椭圆形,污白色(图2-38)。

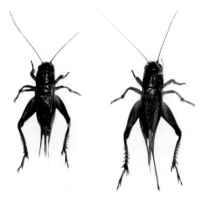

图2-37 北京油葫芦成虫

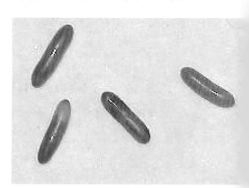

图2-38 北京油葫芦卵

26. 绿麦秆蝇

绿麦秆蝇 *Meromyza saltarix* Linnaeus 又名麦钻心虫。属双翅目,秆蝇科。危害小麦、大麦和白茅草等。

【危害与诊断】 绿麦秆蝇寄生于小麦茎秆内取食幼嫩组织，并随幼虫侵入小麦茎内的时间不同造成不同的危害症状。分蘖拔节期受害表现为"枯心苗"，主要是由于幼虫取食心叶基部与生长点，使心叶外露部分干枯变黄所致。在孕穗期受害表现为"烂穗"，孕穗末期受害表现为"坏穗"，抽穗初期受害表现为"白穗"。

成虫（图2-39） 雄虫体长3~3.5毫米，雌虫体长3.7~4.5毫米。体淡黄绿色，着生灰色长毛；复眼黑色，有青绿色光泽；单眼区褐斑较大，边缘越出单眼之外；下颚须基部黄绿色，端部2/3部分膨大成棒状，黑色；胸部背板上有3条深褐色平行纵纹，中间的1条最长；腹部浅灰黑色，各节近前缘处颜色较深。

卵 白色，表面有10多条纵纹，长1毫米左右，为两头尖的长椭圆形。

幼虫 老熟幼虫体长5~6.5毫米，为黄白色或带淡绿色而有光泽的小蛆。室内镜检可见黑色口钩，并有7~9个气门小孔。在华北一带以幼虫在小麦茎内食害。

蛹 为围蛹。雄虫体长4.3~4.8毫米，雌虫体长5.0~5.3毫米。体色初期为淡绿色，后期为黄绿色，通过蛹壳可见复眼、胸部、腹部纵纹及下颚须顶端的黑色部分。

图2-39 麦绿秆蝇成虫

27.麦茎蜂

麦茎蜂 *Cephus pygmaeus* Linnaeus 属膜翅目，茎蜂科。分布全国各地。

【危害与诊断】 幼虫钻蛀茎秆，严重的整个茎秆被食空。老熟幼虫钻入根茎部，从根茎部将茎秆咬断或只留少量表皮连接。断面整齐。受害小麦很易折倒。

成虫（图2-40） 体长8~12毫米，腹部细长，全体黑色。触角丝状。翅膜质，透明，前翅基部黑褐色，翅痣明显。雌蜂腹部较肥大，第四、六、九节镶有黄色横带，尾端有锯齿状产卵器。雄蜂腹部第三至九节亦生有黄带。第一、三、五、六腹节腹侧各具1个较大的浅绿色斑点，后胸背面具有1个浅绿色三角形点，腹部小而细致。

卵 长约1毫米，长椭圆形，白色透明。

幼虫 末龄幼虫体长8~12毫米，体乳白色，头部浅褐色，胸足退化成小突起，身体多皱褶，臀节延长成几丁质的短管。

蛹 长10~12毫米，黄白色，近羽化时变成黑色，蛹外被薄茧。

图2-40 麦茎蜂成虫

28. 小麦叶蜂

小麦叶蜂 *Dolerus tritici* Chu 俗称小粘虫。属膜翅目，叶蜂科。我国发生的有小麦叶蜂、大麦叶蜂、黄麦叶蜂。

【**危害与诊断**】 小麦叶蜂以幼虫危害叶片，从叶边缘向内吃成缺刻，重的可将叶片吃光。

成虫（图2-41） 体长8~9.8毫米，雄体略小。体黑色微带蓝光，后胸两侧各有一白斑。翅透明，膜质。

卵 扁平，肾形，淡黄色，大小为1.8毫米×0.6毫米，表面光滑。

幼虫（图2-42） 共5龄。老熟幼虫长17.5~19毫米，圆筒形，胸部较粗，腹末较细，胸腹各节均有横皱纹。

蛹 雌蛹长9.8毫米,雄蛹长9毫米,淡黄色至棕黑色。腹部细小,末端分叉。

图2-41 小麦叶蜂成虫

图2-42 小麦叶蜂幼虫

29. 麦岩螨

麦岩螨 *Petrobia latens* (Muller)又名麦长腿红蜘蛛。属蛛形纲,蜱螨目,叶螨科,岩螨属。以成、若虫危害小麦叶及茎秆。

【危害与诊断】 小麦植株受害后,叶面呈现出黄白色斑点,重者斑点合并成斑块,光合作用被破坏,蒸腾作用增大,叶极易干枯死亡,小麦产量下降,特重者则颗粒无收。

成螨(图2-43,图2-44) 雌螨体长0.62~0.85毫米,阔椭圆形,紫红色或绿色。背毛13对,粗刺状,有粗绒毛,不着生在结节上。足4对,第一对与体等长或超过体长,第二、三对足短于体长的1/2,第四对足长于体长的1/2。雄螨体长约0.46毫米,梨形,背刚毛短,具茸毛。

卵 有两型。一为红色非滞育型,圆球形,直径约0.15毫米,表面有10多条隆起纵纹;另一为白色滞育型,圆

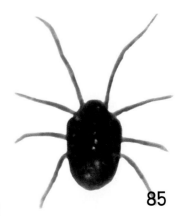

图2-43 麦岩螨成螨

柱形，高约0.18毫米，顶端向外扩张，形似倒放着的草帽，顶面上有放射状条纹。两种卵的表面都被有白色的蜡质层。

幼螨 圆形，直径为0.15毫米。足3对。初为鲜红色，取食后变暗褐色。若螨分第一若螨和第二若螨两个时期，足4对，似成螨。

图2-44 麦岩螨为害状

30. 麦圆叶爪螨

麦圆叶爪螨 *Penthaleus major*（Duges）俗称麦圆红蜘蛛。属蛛形纲，蜱螨亚纲，螨目，叶爪螨科。是小麦主要害虫之一。

【危害与诊断】 主要于小麦苗期至抽穗期吸食叶片汁液。小麦受害后，轻则叶片失绿，渐变黄枯，重则麦穗不能抽出，甚至枯死，严重地影响小麦产量和品质。

成螨（图2-45） 体椭圆形，长约0.65毫米，宽约0.42毫米。体色乌黑或为深红色。足4对，第一对最长，第四对次之，第二、三对最短且几乎等长。肛门着生在腹部背面，为红色孔。

卵 长椭圆形，极小，长约0.24毫米，宽约0.14毫米，表面皱缩，初产时暗褐色，后变淡红色，外被白色胶质。

若螨 共4龄。1龄幼螨有足3对，体初为淡红色，后渐变为草绿色至深黑褐色。2~4龄幼螨有足4对。末龄若螨体长约0.5毫米，体型比成螨小，体色由淡红色逐渐转至深黑色，肛门红色。

图2-45 麦园叶爪螨成螨

31. 小麦红吸浆虫

麦红吸浆虫 *Sitodiplosis mosellana* (Gehin) 别名麦蛆。属双翅目,瘿蚊科。分布几乎遍及全国各小麦产区。危害小麦、大麦、黑麦及鹅冠草。

【危害与诊断】 以幼虫潜伏在颖壳内吸食正在灌浆的麦粒汁液,造成秕粒(图2-49)。大发生年可形成全田毁灭,颗粒无收。

成虫(图2-46,图2-47) 雌虫体长2~2.5毫米,橘红色,密被细毛。头小;复眼大,黑色,两复眼在上方愈合。触角14节,各节呈长圆形膨大,上面环生两圈刚毛。前翅薄而透明,并带紫色闪光,翅脉4条。腹部9节,第九节细长,形成伪产卵管。雄虫体稍小,触角较雌虫长,亦为14节,每节两个球形膨大部分除环生一圈刚毛外,还生有1圈环状毛。腹部末端略向上弯曲,交尾器中的抱握器基节内缘和端节均有齿,阳茎长。

卵 长椭圆形。长0.32毫米,约为宽的4倍。淡红色透明,表面光滑。

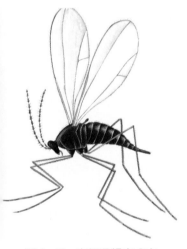

图2-46 麦红吸浆虫成虫

幼虫(图2-48,图2-49) 体长2~2.5毫米,扁纺锤形,橙黄色。头小,无足蛆状,前胸腹面有一"Y"形剑骨片,前端作锐角凹入。腹末有2对尖形突起。

蛹 长约2毫米,橙褐色。裸蛹。头前方有2根白色短毛和1对长呼吸管。

图2-47 麦红吸浆虫成虫

图2-48 麦红吸浆虫幼虫

图2-49 麦红吸浆虫为害麦粒

32. 小麦黄吸浆虫

麦黄吸浆虫 *Contarinia tritici*（Kirby）属双翅目，瘿蚊科。分布几乎遍及全国各小麦产区。

【危害与诊断】 以幼虫潜伏在颖壳内吸食正在灌浆的麦粒汁液，造成秕粒。大发生年份可导致全田毁灭，颗粒无收。

成虫（图2-50） 形态与麦红吸浆虫极似。成虫姜黄色。雌虫伪产卵器极长，伸出时约为腹部2倍，末端呈针状。雄虫抱握器光滑无

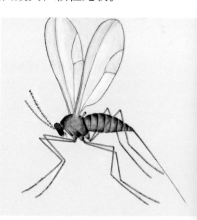

图2-50 麦黄吸浆虫成虫

图2-51 麦黄吸浆虫幼虫

齿,腹瓣明显凹入,裂为两瓣,阳茎短。

卵 香蕉形。前端略弯,末端有细长的卵柄附属物。

幼虫(图2-51) 姜黄色。前胸腹面"Y"形剑骨片中间呈弧形凹陷。腹部末端有突起2对,圆形。

蛹 淡黄色。头部1对毛与呼吸管等长。

33.细茎潜叶蝇

细茎潜叶蝇 *Agromyza cinerascens* Macquart 又名小麦黑潜蝇,属双翅目,潜蝇科。在陕西省关中地区大多数麦田有分布。

【危害与诊断】 危害小麦和大麦。幼虫潜食叶片,将叶尖部分吃成半透明大片潜斑,内有黑色粪便(图2-55)。雌成虫可用产卵器刺破叶面,取食汁液。

成虫(图2-52) 小型蝇类,体长3.1~3.4毫米,黑色。头部及触角黑色,胸部黑色并被薄粉。翅透明,微带淡茶褐色,翅脉黄褐色。足黑

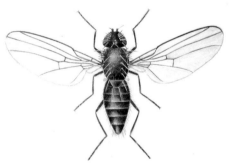

图2-52 细茎潜叶蝇成虫

图2-53 细茎潜叶蝇幼虫

图2-54 细茎潜叶蝇蛹

色，但胫节基部、腿节膝盖褐色。腹部黑色，具弱光；雌虫腹部第六、七节深黑色、有强光。

卵　长椭圆形，乳白至灰白色。

幼虫（图2-53）　长3.55~4.50毫米，蛆形，初孵乳白色，老熟成污黄色，潜食叶肉。

蛹（图2-54）　柱形，高约2毫米，紫褐色。

图2-55　细茎潜叶蝇危害状

34. 粘　虫

粘虫 *Leucania seperata* (Walker)属鳞翅目，夜蛾科。又名行军虫、剃枝虫。是农作物的主要害虫之一。最喜食禾本科作物和杂草，大发生时也危害大豆等其他科作物。

【危害与诊断】　是一种暴食性害虫。危害严重时，能将作物叶吃光、穗咬断，造成严重减产。

成虫（图2-56）　体长16~20毫米，展翅宽36~40毫米，体淡黄褐色至淡灰褐色。前翅中部有2个黄色圆斑，从翅顶至内缘

图2-56　粘虫成虫

图2-57　粘虫蛹

末端1/3处有1条黑色斜纹,开始明显,越往下逐渐消失。外缘有7个小黑斑,中室下角有1个小白点。

卵 馒头形。卵粒排列成行或重叠成堆,表面有网状脊纹。初为乳白色,渐变成黄褐色,将孵化时为灰黑色.

幼虫(图2-57) 老熟时体长36毫米左右,黑绿、黑褐或淡黄绿色。头部棕褐色,沿蜕裂线有褐色丝纹,呈"八"字形。全身有5条较宽的暗色纵行条纹。腹部圆筒形,两侧各有2条黄褐色至黑色宽带,宽带上下镶有灰白色细线。腹足基节有黄褐色或黑褐色阔三角形斑。

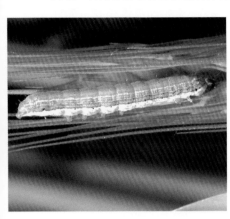

蛹(图2-58) 红褐色,长19毫米左右。腹部第五、六、七节近前缘有一列隆起点刻。尾刺1对,强大,其两侧各有小刺2根。

图2-58 粘虫幼虫为害状

35.棉铃虫

棉铃虫 *Helicoverpa armigera* (Hübner) 属鳞翅目,夜蛾科。是一种世界性重要害虫。主要危害棉花、麦、高粱、豌豆、苜蓿、番茄、向日葵等作物。

【危害与诊断】 第一代幼虫危害小麦、豌豆等作物。对小麦田的危害虽然并不严重,但受害麦田可成为棉田的虫源地,对棉田后期发生棉铃虫有十分重要的影响。

图2-59 棉铃虫成虫

成虫（图2-59） 体长15～20毫米，翅展31～40毫米。雌蛾赤褐色，雄蛾灰绿色。前翅翅尖突伸，外末端达肾形斑正下方，亚缘线锯齿较均匀，与外缘近于平行。后翅灰白色，脉纹褐色明显，沿外缘有黑褐色宽带，宽带中部2个灰白斑不靠外缘。

卵 高0.51～0.55毫米，宽0.44毫米～0.48毫米。卵孔不明显。伸达卵孔的纵棱11～13条。纵棱有2岔和3岔到达底部，通常为26～29条。

幼虫（图2-60） 初孵幼虫青灰色，末龄幼虫体长40～50毫米。体表密生长而尖的小刺。气门上线白斑边成断续的白纹。

蛹（图2-61） 纺锤形，赤褐色，体长17～20毫米。腹部第五至七节背面和前缘，有7～8排较稀疏的半圆形刻点。腹部末端有1对基部分开的刺。

图2-60 棉铃虫幼虫

图2-61 棉铃虫蛹

36. 花蓟马

花蓟马 *Frankliniella intonsa* (Trybom) 属缨翅目，蓟马科。又称台湾蓟马。广泛分布于我国及亚洲、欧洲等许多地区。

【危害与诊断】 成虫和若虫危害作物花器，减少结实量，有时也危害幼苗嫩叶。

成虫 体长约1.3毫米,褐色带紫,头胸部黄褐色(图2-62)。触角较粗壮,第三节长为宽的2.5倍,并在前半部有一横脊。头短于前胸,后部背面皱纹粗,颊两侧收缩明显。头顶前缘两复眼间较平,仅中央稍突。前翅较宽短,前脉鬃20~21根,后脉鬃14~16根。第八腹节背面后缘梳完整,齿上有细毛。头、前胸、翅脉及腹端鬃较粗壮且黑。

2龄若虫体长约1毫米,基色黄,复眼红,触角7节,第三、四节最长,第三节有覆瓦状环纹,第四节有环状排列的微鬃。胸、腹部背面体鬃尖端微圆钝。第九腹节后缘有一圈清楚的微齿(图2-63)。

图2-62 小麦花蓟马成虫

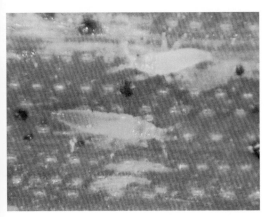

图2-63 小麦花蓟马若虫

37.小麦皮蓟马

小麦皮蓟马 *Haplothrips tritici* Kurdjumov 又称小麦管蓟马。我国分布于新疆、宁夏。国外分布于俄罗斯。

【危害与诊断】 小麦皮蓟马危害小麦花器,在小麦灌浆乳熟时吸食麦粒浆液,使麦粒灌浆不饱满,严重时麦粒空秕。还可危害麦穗的护颖和外颖。颖片受害后皱缩、枯萎、发黄、发白或呈黑褐斑，被害部极易受病菌侵害，造成霉烂、腐败。

成虫（图2-64） 体长15~21毫米，黑褐色。触角8节。头部近长方形。中胸与后胸愈合，前胸能转动。翅2对，翅缘有缨毛。前足腿节粗壮。腹部10节，末端延长成尾管。

卵 初产白色，后变为淡黄色。长椭圆形，一头较尖。

若虫 初孵淡黄色，后变成橙红至鲜红色，无翅，具黑色触角及尾管。

蛹 前蛹和伪蛹比若虫稍短，为淡红色。

图2-64 小麦皮蓟马成虫

38. 麦 蛾

麦蛾 *Sitotroga cerealella* (Olivier) 属鳞翅目，麦蛾科。是主要的储粮害虫。在全国各地均有分布。

【**危害与诊断**】 越冬代成虫羽化后飞到小麦田，在麦穗上产卵。卵在麦穗上的分布，以穗轴上所占的比率为最大。一代麦蛾卵孵化期正值小麦灌浆初、中期，孵化的幼虫先蛀食颖壳，然后蛀入种皮下危害胚乳。危害早的，被害处往往变成黑色，影响正常灌浆，失去食用价值（图2-66）；危害晚的，麦粒可正常灌浆，仍能食用。

图2-65 麦蛾成虫

成虫（图2-65，图2-67） 体长5～6毫米，翅展12～15毫米。头、胸及足银白色而微带淡黄褐色。头顶及颜面密布灰褐色鳞毛，下唇须灰褐色，第二节较粗，第三节末端尖细，略向上弯曲，但不超过头顶；触角线状。翅灰白色，有光泽，前翅端部颜色较深，翅后缘毛很长。雄性外生殖器的抱握器大，密生刚毛，顶端弯曲呈钩形；钩形突内侧向上扩展，其内缘有许多长毛，外缘具短毛，顶端圆形，中间扁平；颚形突明显骨化，阳茎长，上部有2个突起，囊形突短于阳茎，沟状。

卵 长0.5～0.6毫米。初产时乳白色，后变淡红色。

幼虫 老熟幼虫长5～6毫米，乳白色，头黄褐色。腹足退化，趾钩只有1～3个。前胸气门前毛片上有3根毛，雄虫第八腹节背有1对紫色斑。

蛹 长5～6毫米，黄褐色。前翅末端尖锐，到达腹部第六、七节后缘。腹部末端腹面两侧各有一角状突起，背中央有一向上的角状刺。钩刺每侧4个（背、腹各2对）。

图2-66 被麦蛾为害的麦粒

图2-67 麦蛾为害状

39. 草 地 螟

草地螟 *Loxostege sticticalis* (Linnaeus) 又称黄绿条螟、甜菜网螟。属鳞翅目，螟蛾科。是发生于北温带的暴发性害虫。

【危害与诊断】 初孵幼虫群集于寄主叶背危害,在进入2龄前便扩散于全株,3龄以上幼虫暴食危害。成虫喜在藜科、蓼科、十字花科等花蜜较多的植株叶片上产卵。

成虫(图2-68) 暗褐色,体长10~12毫米,翅展20~26毫米。头黑色,额锥形,复眼黑色,触角丝状。前翅颜色较深,具褐色斑纹,外缘有1条黄白色圆点连成的波纹,近中室处有一较小的黄白色三角形斑。后翅灰色,基部色较淡,外缘内侧有2条平行的黑色云状波纹。

图2-68 草地螟成虫

卵 椭圆形,长径0.6~0.8毫米,短径0.4~0.6毫米。初产时乳白色,具珍珠光泽,后变橙黄色,孵化前暗灰色。卵散产或块产,卵粒多为覆瓦状排列。

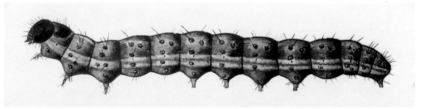

图2-69 草地螟幼虫

幼虫(图2-69) 体黄绿、深绿或墨绿色,长15~24毫米。头黑色,有光泽,3龄后有明显的白斑。前胸背板黑色,有3条黄色纵纹。背中线黑色,夹在2条白色条纹间。体节有毛片及刚毛。臀板黑褐色,生刚毛8根。气门线两侧有2条黄绿色条纹。腹面黄绿色,腹足趾钩三序,缺环。

蛹 长9~11毫米,宽2~2.7毫米。初化时米黄色,羽化前栗黄色。腹末具棘突2个,每突上有臀棘4枚。茧长筒形,土灰色,长28~45毫米,宽3~4毫米,由白色细丝结成,表面粘附有细砂或土粒。茧口向上,由丝质薄膜覆盖,在表土中多呈垂直状态分布。

40. 绿盲蝽

绿盲蝽 Lygus lucorum (Meyer-Dür) 属半翅目，盲蝽科。食性杂，除危害禾本科作物和棉花外，还危害苜蓿、大麻、蓖麻、艾蒿、白蒿、石榴、苹果、桃、木槿、海棠、大豆、扁豆、豌豆、马铃薯、向日葵、胡萝卜、紫穗槐、夏枯草、白菜、蒿、九月菊等。

【危害与诊断】 以成、若虫刺吸植物汁液危害，影响植物生长。

成虫 体长5~5.5毫米，体绿色（图2-70）。头宽短，眼黑色，位于头侧。触角短于身长，第二节最长，基部2节绿色，端部2节褐色。前胸背板绿色，领片显著，浅绿色；小盾片黄绿色。前翅革区、爪区均绿色，革区端部与楔区相接处略呈灰褐色，楔区绿色，膜区暗褐色。足绿色，腿节膨大，后足腿节末端有褐色环，胫节有小刺，跗节3节，末端黑色，爪黑色。

图2-70 绿盲蝽成虫

41. 赤须盲蝽

赤须盲蝽 Trigonotylus ruficornis Geoffroy 属半翅目，盲蝽科。分布在北京、河北、内蒙古、黑龙江、吉林、辽宁、山东、河南、江苏、江西、安徽、陕西、甘肃、青海、宁夏、新疆等地。寄主为棉花、小麦、大麦、黑麦、燕麦、谷子、玉米、高粱、甜菜等农作物和多种禾本科杂草。

【危害与诊断】 成、若虫刺吸叶片或嫩茎及穗部汁液，受害叶初现黄点，渐成黄褐色大斑，叶片顶端向内卷曲，严重的整株干枯死亡。

成虫（图2-71） 体细长（长5~6毫米，宽1~2毫米），鲜绿色或浅绿色。头略呈三角形，顶端向前突出，头顶中央具1纵沟，前伸不达头部中央；复眼银灰色，半球形。触角4节，等于或短于体长，红色，故称赤须盲蝽。喙4节，前、后缘向内侧弯曲。前胸背板梯形，具暗色条纹4个。小盾片黄绿色，三角形，基部未被前胸背板的后缘覆盖。前翅略长出腹部末端，革片绿色，膜片白色透明。足浅绿或黄绿色，胫节末端及跗节暗色。

卵 口袋形，长1毫米左右，宽0.4毫米，白色透明，卵盖上具突起。

若虫 5龄若虫体长5毫米左右，黄绿色。触角红色，略短于体长。翅芽超过腹部第三节。

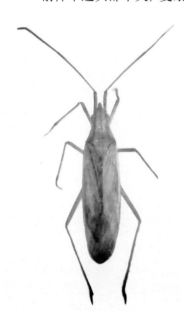

图2-71 赤须盲蝽成虫

42. 斑须蝽

斑须蝽 Dolycoris baccanum (Linnaeus) 又称细毛蝽、臭大姐。属半翅目，蝽科。分布在全国各地，为杂食性害虫。寄主为小麦、大麦、玉米、白菜、油菜、萝卜、豌豆及其他农作物。近年来危害呈加重趋势，已成为农业生产上的一大难题。

【危害与诊断】 成虫和若虫刺吸嫩叶、嫩茎及穗部汁液。茎叶被害后，出现黄褐色斑点，严重时叶片卷曲，嫩茎凋萎，影响生长，减产减收（图2-73）。

成虫（图2-72，图2-73） 体长8~13.5毫米，宽约6毫米，椭圆形，黄褐色或紫色，密被白绒毛和黑色小刻点；触角黑白相间；喙细长，紧贴于头部腹面。小盾片末端钝而光滑，黄白色。

卵 长筒形，高 1.0~1.1 毫米，直径 0.7~0.8 毫米。卵粒整齐排列成块。初产淡黄色，数小时后变为黄色，后变赭灰黄色，并出现1对红色眼点。

若虫 共5龄。暗灰褐色或黄褐色，有白色绒毛和黑色刻点。腹部黄色。

图 2-72 斑须蝽成虫

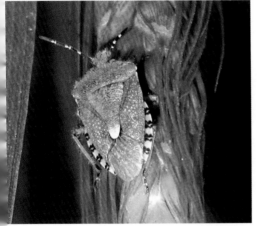

图 2-73 斑须蝽成虫为害状

43. 稻绿蝽

稻绿蝽 *Nezara viridula* (Linnaeus) 别名稻青蝽。半翅目，蝽科。寄主32科150种以上，包括水稻、小麦、番茄、马铃薯、白菜、甘蓝和豆类等作物。

【危害与诊断】 成虫和若虫吸食作物汁液，影响生长发育，造成减产。

成虫（图2-74） 体长12~16毫米，宽6.0~8.5毫米，长椭圆形，青绿色（越冬成虫暗赤褐），腹下色较淡。头近三角形，触角5节，基节黄绿色，第三、四、五节末端棕褐色，复眼黑色，单眼红色。前胸背板边缘黄白色，侧角圆，稍突出；小盾片长三角形，基部有3个横列的小白点，末端狭圆，超过腹部中央。前翅稍长出腹末。足绿色，跗节3节，灰褐色，爪末端黑色。腹下黄绿色或淡绿色，密布黄色斑点。

卵　杯形，长1.2毫米，宽0.8毫米。初产黄白色，后转红褐。顶端有盖，周缘白色。精孔突起呈环，24～30个。

若虫　1龄若虫体长1.1～1.4毫米，腹背中央有3个排成三角形的黑斑，后期黄褐色，胸部有一橙黄色圆斑，第二腹节有一长形白斑，第五、六腹节近中央两侧各有4个黄色斑，排成梯形。2龄若虫体长2.0～2.2毫米，黑色，前、中胸背板两侧各有一黄斑。3龄若虫体长4.0～4.2毫米，黑色，第一、二腹节背面有4个长形的横向白斑，第三腹节至末节背板两侧各具6个、中央两侧各具4个对称的白斑。4龄若虫体长5.2～7.0毫米，头部有倒"T"形黑斑，翅芽明显。5龄若虫体长7.5～12毫米，以绿色为主，触角4节，单眼出现，翅芽伸达第三腹节，前胸与翅芽散生黑色斑点，外缘橙红色，腹部边缘具半圆形红斑，中央也具红斑，足赤褐，跗节黑色。

图2-74　稻绿蝽成虫

44. 紫翅果蝽

紫翅果蝽 *Carpocoris purpureipennis* (De Geer) 又叫异色蝽。属半翅目，蝽科。分布于陕西、山西、吉林、黑龙江等地。

【危害与诊断】　主要在叶片及麦穗部吸食汁液为害，影响生长发育，造成籽粒不饱满。成虫体长12～13毫米，宽7.5～8.0毫

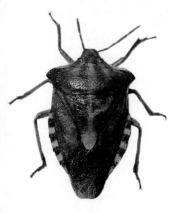

米，宽椭圆形，黄褐色至紫褐色（图2-75）。头部侧缘及基部黑色，触角黑色。前胸背板前半部有4条宽纵黑带，侧角端处黑色；小盾片末端淡色。翅膜片淡烟褐色，基内角有大黑斑，外缘端处呈一黑斑。腹部侧接缘黄黑相间，体腹面及足黑色。

图2-75 紫翅果蝽成虫

45.横纹菜蝽

横纹菜蝽（*Eurydema gebleri* Kolenati）属半翅目，蝽科。又称乌鲁木齐菜蝽、盖氏菜蝽。分布于我国大部分地区。

【危害与诊断】 成虫和若虫刺吸植物汁液，尤喜刺吸嫩芽、嫩茎、嫩叶、花蕾。其唾液对植物组织有破坏作用，并阻碍糖类的代谢和同化作用的正常进行。被刺处留下黄白色至淡黑色斑点。幼苗子叶期受害导致萎蔫甚至枯死，花期受害则不能结实或籽粒不饱满。

成虫（图2-76） 体长6~9毫米，宽3.5~5毫米，椭圆形，黄色或红色，具黑斑，全体密布刻点。头蓝黑色，前端缘两侧下凹，侧缘上卷，边缘红黄色，复眼前方具一红黄色斑，复眼、触角、喙黑色，单眼红色。前胸背板上具6个大黑斑，前2个呈三角形，后4个横长；中央具一黄色隆起的"十"字形纹。小盾片蓝黑色，上具"Y"形黄色纹，末端两侧各具一黑斑。

卵（图2-77） 桶状，高1毫米，直径0.7毫米。初产白色，近孵化时粉红色。

图2-76 横纹菜蝽成虫

若虫（图2-78） 初橘红色，30分钟后变深，共5龄。5龄若虫体长5毫米左右，头、触角、胸部黑色。头部具三角形黄斑，胸背具3个橘红色斑。

图2-77 横纹菜蝽卵

图2-78 横纹菜蝽若虫

46. 华麦蝽

华麦蝽 Aelia nasuta Wagner 属半翅目，蝽科。分布于陕西、山东、江苏、浙江、湖北、江西等地。

【危害与诊断】 主要在作物叶面上吸食汁液为害。

成虫（图2-79，图2-80） 体长约9.5毫米，宽约4.5毫米，近梭形，淡灰褐色，密布黑色及本色刻点。头侧叶在中叶前会合，末端稍分离；头下方颊中部的后角呈明显向下突伸的尖齿；头部背面中间有一黑色宽纵带，两侧有黑色细纵线。触角基部2节淡褐黄色，端部3节红色；喙达腹部第三片。前胸背板中央由前缘至小盾片末端有一淡色细

图2-79 花麦蝽成虫

纵线，前后粗细一致，其侧有黑色刻点组成的宽纵带；前胸背板靠近前侧缘处有一黑带。翅革片外缘及径脉黄白色，其内侧无黑色纵纹。足褐黄色，腿节端半部有2个明显的黑点。

卵　淡黄褐色，筒形，高约1.0毫米，直径约0.6毫米。卵盖边缘有1圈白色小刺突，下方有一黑色"I"字形纹。

图2-80　花麦蝽成虫为害状

47.小麦沟牙甲

小麦沟牙甲 *Helophorus auriculatus* Sharp 又叫耳垂五沟牙甲。属鞘翅目，牙甲科。分布于陕西、河南、湖北等地。

【危害与诊断】　幼虫于土中小麦根际处钻入苗内取食心叶，造成枯心苗。

成虫（图2-81）　体长约4.5毫米，茶褐色。头黑褐色，具平伏的淡色毛，头顶中有一倒"Y"字形黑线。复眼黑色，发达，向两侧突出。触角球棒状，9节，第一、二节细长，第三、六节短，端部3节膨大；第三、四节合并为一较长的节。上唇显黑绿色，有光泽。前胸背板发达，有5条褐色纵带，密生刻点及平伏的毛，缘角向前突出，使前缘呈弧

图2-81　小麦沟牙甲成虫

形；侧缘向内弯，后缘窄于前缘。鞘翅上具稀疏长毛及5行纵脊；各纵脊间有两排凹入刻点，排列整齐；纵脊上及两排刻点间有一排不整齐的端部呈钩状的淡色毛；第四列纵脊中断，后段成为暗色纵突，上生长毛。足淡黄褐色，密生小刺，基节端部具浓密淡色绒毛，附节5节，爪褐色。

幼虫 老熟幼虫体长约9毫米，体扁，淡灰褐色。头褐色，胸部赤褐色，但较头部色淡，前胸前缘色深。体背中间有明显淡色纵线，纵线两侧淡褐色。腹部第一至八体节每节侧上方有一淡褐色横长条斑，下方有2个淡褐色斑，斑上有刚毛。胸足淡褐色，臀板、尾须亦淡褐色。尾须3节。体末端腹面有一突起。

蛹 长约5毫米，乳白色，复眼赤褐色。体上生稀疏黑褐色刚毛，腹末有2个锥状延伸，黄褐色，端部尖锐。

48. 麦茎叶甲

麦茎叶甲 *Apophylia thalassina* Faldermann 又名小麦钻心虫。属鞘翅目。我国华北、西北地区都有发生，以山西省南部至甘肃省平原一带较为严重。主要危害小麦，其次是大麦。

【危害与诊断】 幼虫蛀入麦茎基部，造成枯心死苗。

成虫（图2-82） 体翠绿色。雄虫体长7~8毫米。雌虫体长8~9毫米。前胸背板黄褐色，其上横列3个黑褐色斑纹。触角丝状。足赤褐色。

卵 椭圆形，橙黄色，长0.8毫米，表面有蜂窝状网纹。

幼虫 体长10~12毫米。幼龄时青灰色，老龄时黄褐色。头部、前胸背板和尾节臀板黑色，其余各节背面有3列褐色小斑。

蛹 浅黄色，长6~9毫米，尾端有2根褐色臀刺。

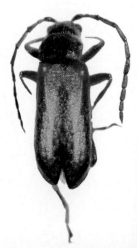

图2-82 麦茎叶甲成虫